新Aクラス 中学数学問題集 融合

問題編

筑波大附属駒場中・高校元教諭
深瀬 幹雄 著

昇龍堂出版

この問題編は薄くのりづけされています。軽く引けば簡単にとりはずすことができます。

まえがき

この本は，教科書を理解し，基本的な問題を学習したあとで，さらに高校の入学試験に対応できる十分な学力を身につけることを目的につくられた問題集です。

入学試験では，異なる分野のことがらを互いに関連づけることができる数学の知識，その知識をもとにして問題を分析する力，問題を解く計算力，考え方をわかりやすく伝える表現力が要求されます。また，時間の限られた入学試験では，出題する問題の数には限りがあります。そのため，複数の分野の内容をふくんだ融合問題が出題されます。

融合問題とは，中学校で学習する「数と式・方程式」，「関数」，「図形」，「確率」の 4 分野が相互に関わる問題です。たとえば，関数 $y=ax^2$ についての問題の中で，交点や図形の面積を求めることがあります。交点を求めるときには，連立方程式や 2 次方程式を解くことになり，図形の面積を求めるときには，三平方の定理や三角形の等積条件などを使って解くことになります。

このように，1 つの問題の中で複数の分野の内容をふくんだ問題を融合問題といいます。融合問題を解くには，中学校数学で学習したさまざまなことがらを覚えているだけでなく，それらを関連づけて考えることができる学力が要求されます。

この問題集では，入試によく出る典型的な融合問題を精選し，順序よく配列してあります。解答編では，考え方や解き方がわかりやすく，ていねいに解説してあります。これらの融合問題を解くことで，確かな数学の知識がむりなく身につき，しっかりした分析力，見通しをもった計算力と的確な表現力が着実に身につきます。

この本の最終 stage まで根気強く継続して取り組むことで，高度な数学的思考力や応用力を必要とする問題にも対応できる学力が身につきます。そして，みなさんの努力の結果が，成績の向上という成果となってあらわれ，自分の目標の達成へとつながることでしょう。

著　者

この本の使い方

この本を使用するにあたっては，以下に述べることをふまえて学習してください。

1. 問題を解きましょう。
問題は stage1 から stage14 まであります。各 stage は，高校入試でよく出題される内容の異なった 5 題または 6 題の融合問題で構成されています。stage が進むにしたがって，標準的な問題から徐々に難易度が上がるようになっています。各 stage の問題を解くことにより，中学校数学で学習した多くの内容の復習と確認ができます。

2. 解法，別解，研究 を読みましょう。
自分の答えが正しいかどうかを確かめるだけでなく，解法，別解，研究 を必ず読みましょう。いずれの解答も模範答案ばかりです。いろいろな解答を読むことにより，数学への理解度や考え方が深まります。解法 とは異なる解き方は 別解 として，発展的な解き方は 研究 として紹介してあります。
解答のはじめに ◎**関数 $y=ax^2$，等積変形**◎ として，融合問題の内容が明示してあります。
……▶1 は解答編の巻末の「まとめ」の番号です。解答に使われている定理・公式や性質を「まとめ」で確認してください。

3. 確認 を読みましょう。
問題を解くうえで，よく使われる基本的なことがらや性質，知っていると役立つ性質などを，それを使った解答の直後に 確認 として載せてあります。確認 を読んで知識を整理してください。

4. 定理・公式や重要な性質を参照しましょう。
解答編の巻末の「まとめ」には，基本事項や，入試問題を解くときに利用できる定理・公式，重要な性質を簡潔にまとめてあります。図形の分野には，中学校で学習する範囲にはない定理もふくまれています。

5. 短い期間で学力をつけることができます。
   この問題集は，短い期間でも学力をつけることができるように，14 の stage から構成されています。1 日に 1 つの stage を学習すると，2 週間ですべての問題を解くことができます。実際の高校入試では，数学以外の教科もあります。しっかりとした学習計画を立て，この本を効率的に使ってください。

6. 「代数の先生」,「幾何の先生」を参照しましょう。
   解答に使われている定理や性質についてのくわしい内容は，昇龍堂出版発行の「代数の先生」,「幾何の先生」を参照しましょう。より深い理解が得られます。

この本の構成

問題編　stage1～14
解答編　stage1～14
　　　　まとめ

stage 1

1 右の図で，3 点 A，B，C は放物線 $y=x^2$ 上にあり，A，B，C の x 座標はそれぞれ 1，-2，3 である。ただし，座標軸の 1 めもりを 1cm とする。

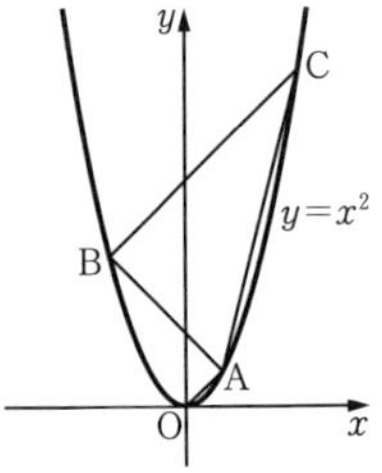

(1) 線分 OA の傾きを求めよ。
(2) 関数 $y=x^2$ について，x の値が -2 から 3 まで増加するときの変化の割合を求めよ。
(3) 直線 BC の式を求めよ。
(4) △ABC の面積を求めよ。

2 ある中学校で，3 年生のかるた大会を計画した。学年全体が 5 人の班または 6 人の班に分かれて実施することになった。
(1) 3 年生 158 人を 5 人の班と 6 人の班に分けたところ，6 人の班の数は，5 人の班の数より 8 班多くなった。それぞれの班の数を求めよ。
(2) A 組の生徒 39 人は，かるた大会に向けて練習を行うことにした。クラスの生徒全員が 5 人の班または 6 人の班に分かれて練習するために，それぞれの班をいくつつくればよいか。

3 右の図のような正三角形 ABC がある。この正三角形の辺 BC 上に点 D をとり，辺 AD を 1 辺とする正三角形 ADE をつくる。辺 AC と DE との交点を F とし，F から線分 DC に垂線をひき，線分 DC との交点を H とする。

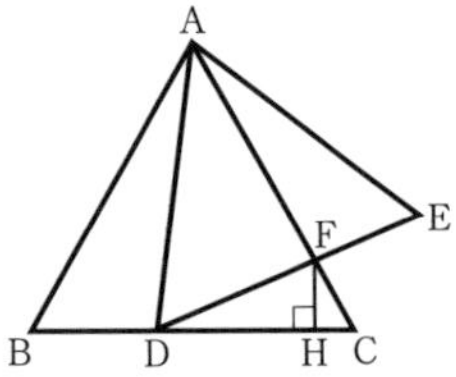

(1) △ABD∽△AEF であることを証明せよ。
(2) AB=8cm，AD=7cm のとき，線分 FH の長さを求めよ。

4 右の図のように，AB＝4cm，BC＝8cm，AD＝6cm，$\angle ABC=90^\circ$ の三角柱 ABC-DEF がある。点 P は三角柱の辺上を秒速 1cm で，頂点 A から頂点 B，E を通って頂点 F まで動く。

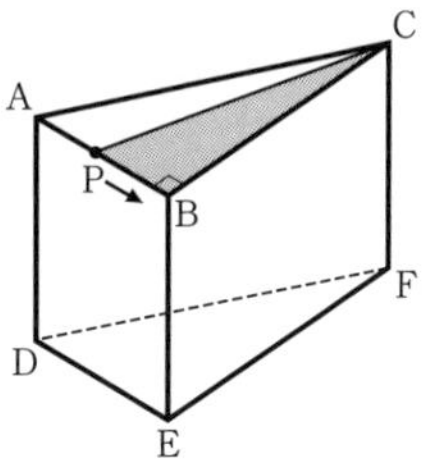

点 P が頂点 A を出発してから x 秒後の △PBC の面積を $y$cm^2 とする。ただし，点 P が頂点 B にあるときは，$y=0$ とする。

(1) 点 P が辺 AB 上を動くとき，y を x の式で表せ。

(2) 点 P が三角柱の辺上を頂点 A から頂点 B，E を通って頂点 F まで動くとき，△PBC の面積の変化のようすを表すグラフを右の図にかけ。

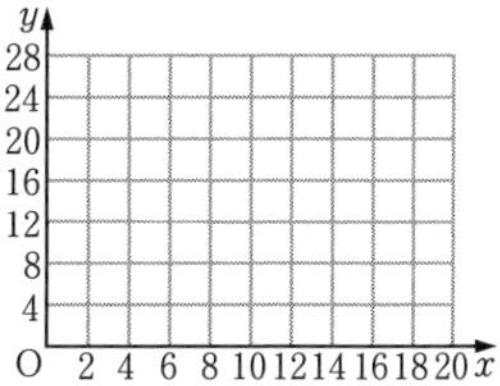

(3) △PBC の面積が 10cm^2 となるのは，点 P が出発してから何秒後か。考えられる時間をすべて求めよ。

5 右の図は，半径 3cm の球を，中心 O を通る平面で切った切り口の円に，底面の半径 3cm，高さ 4cm の円すいの底面をぴったり重ねてできた立体である。

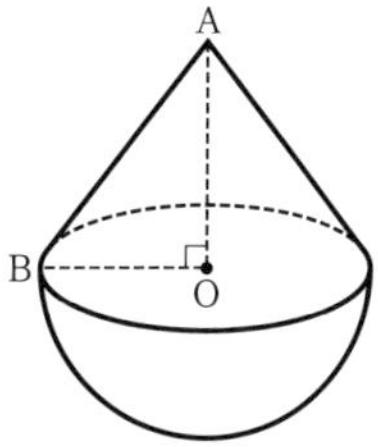

(1) 円すいの母線 AB の長さを求めよ。

(2) この立体の体積を求めよ。

(3) この立体の表面積を求めよ。

stage 2

1 右の図のように，放物線 $y=\dfrac{1}{2}x^2$ 上に x 座標が正である点Pがある。点Pから x 軸，y 軸に垂線をひき，x 軸，y 軸との交点をそれぞれA，Bとし，線分PAの右側に正方形PACDをつくる。

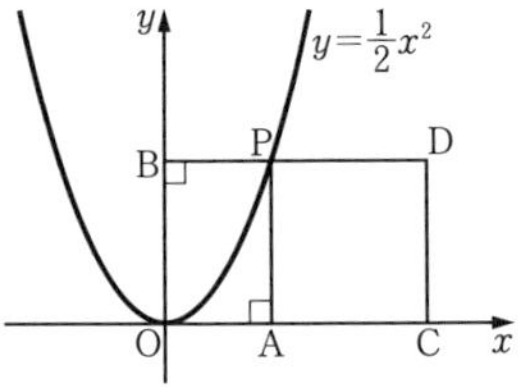

(1) 四角形PBOAが正方形となるとき，点Pの座標を求めよ。

(2) 正方形PACDの面積が四角形PBOAの面積の2倍となるとき，点Bを通り正方形PACDの面積を2等分する直線の式を求めよ。

2 次のような規則で計算される数 a_1，a_2，a_3，… がある。

$a_1=(1+3)(3+2)$

$a_2=(2+5)(4+4)$

$a_3=(3+7)(5+6)$

⋮

(1) 30番目の数 a_{30} の値を求めよ。

(2) n 番目の数 a_n を n を使って表せ。

(3) $a_n=3422$ となる n の値を求めよ。

3 右の図のように，ABを直径とする円Oの周上に点Cを，CO⊥AB となるようにとる。また，線分ABを 2：1 に内分する点をD，線分CDの延長と円Oとの交点をEとする。AB=6cm のとき，次の問いに答えよ。

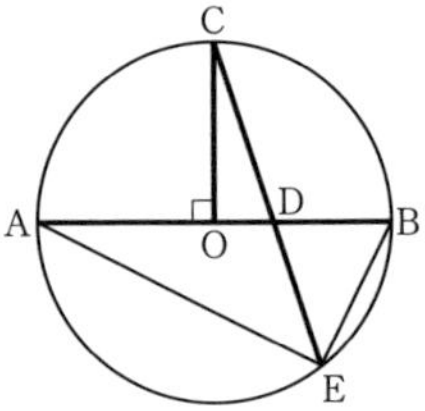

(1) 線分CD，BEの長さを求めよ。

(2) △AEDの面積を求めよ。

4 1から5までの整数が1つずつ書かれた5枚のカードが袋の中にはいっている。この袋の中をよくかき混ぜてカードを1枚取り出し，書かれた数を確認して袋にもどす。ふたたび袋の中をよくかき混ぜてカードを1枚取り出す。

1回目に取り出したカードに書かれた数をa，2回目に取り出したカードに書かれた数をbとし，(a，b)を座標とする点をPとする。

(1) 点P(a，b)のとり方は何通りあるか。

(2) 点P(a，b)が直線 $y=x$ 上にある確率を求めよ。

(3) 原点Oと点Pとの距離が3以上5以下になる確率を求めよ。

5 図1は，1辺の長さが4cmの立方体ABCD−EFGHの各面に，対角線AC，AF，AH，CF，CH，FHをひいたものである。この立方体は，四面体が5個集まったものと見ることができる。

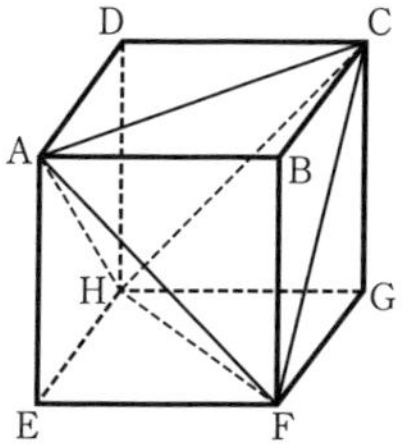

図1

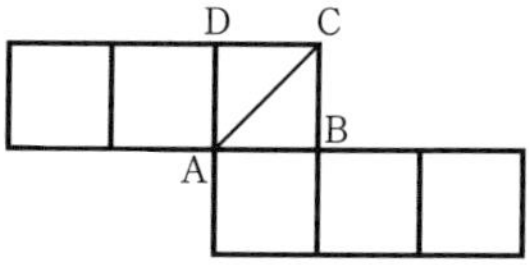

図2

(1) 図2は，立方体ABCD−EFGHの展開図に対角線ACをかき入れたものである。この展開図に対角線AF，AH，CF，CH，FHをかき入れよ。ただし，頂点の記号は書かなくてよい。

(2) Bを1つの頂点とする四面体の表面積を求めよ。

(3) 立方体ABCD−EFGHの体積と，AC，AF，AH，CF，CH，FHを辺とする四面体の体積の比を求めよ。

stage 3

1 A チームと B チームがサッカーの試合を 10 回行い，1 回ごとに次のように勝ち点を与える。

> ① 勝ったチームには，勝ち点 3 を与える。
> ② 引き分けたときには，両チームに勝ち点 1 を与える。
> ③ 負けたチームには，勝ち点を与えない。

(1) A チームが 5 回勝ち，3 回引き分け，2 回負けたとき，A チーム，B チームの勝ち点の合計をそれぞれ求めよ。

(2) A チームの勝ち点の合計が 11，B チームの勝ち点の合計が 17 であるとき，A チームが勝った回数，引き分けた回数をそれぞれ求めよ。

(3) A チームの勝ち点の合計が 15 であるとき，B チームの勝ち点の合計として考えられる数をすべて求めよ。

2 右の図のように，関数 $y=-\frac{1}{4}x^2$ のグラフ上に 2 点 A，B をとり，それぞれの x 座標を -2，4 とする。また，関数 $y=\frac{a}{x}$ $(x>0)$ のグラフは点 C(12，1) を通る。

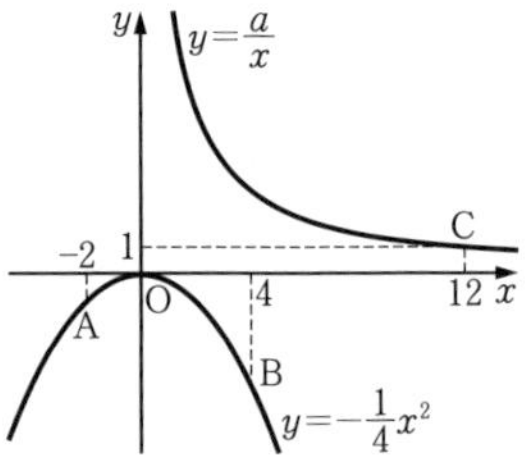

(1) a の値を求めよ。

(2) 2 点 A，B を通る直線の式を求めよ。

(3) 関数 $y=\frac{a}{x}$ $(x>0)$ のグラフ上に点 C と異なる点 P を，△ABP の面積が △ABC の面積と等しくなるようにとるとき，点 P の座標を求めよ。

3 5つの商品A，B，C，D，Eが1個ずつある。この中からいくつかを選んで1組にして台車で運ぶ。商品Aは10kg，Bは6kg，Cは4kg，Dは1kg，Eは$x$kgの重さがあり，台車で運ぶことができる重さは15kg以下である。

たとえば，商品A，Bを1組にして台車で運ぶことを{A，B}で表すこととして，次の問いに答えよ。

(1) 4つの商品A，B，C，Dのうち2個以上を台車で運ぶときの商品の運び方を，この表し方にしたがってすべて書け。

(2) 5つの商品A，B，C，D，Eのうち3個以上を台車で運ぶとき，その商品の選び方が7通りとなるxの値をすべて求めよ。ただし，xは正の整数とする。

4 右の図のように，AB＝AC の直角二等辺三角形ABCがある。辺BCの延長上に点Dをとり，AD＝AE の直角二等辺三角形ADEをつくる。また，辺ADと線分ECとの交点をFとする。

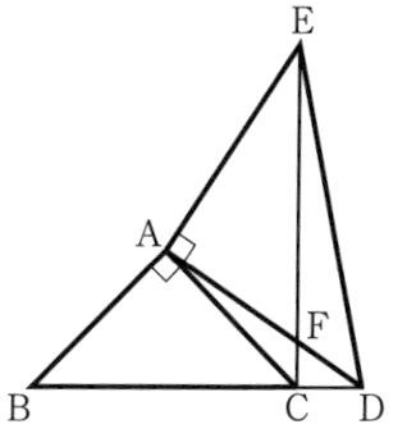

(1) △ABD≡△ACE であることを証明せよ。

(2) BC＝4cm，CD＝1cm とするとき，次の長さを求めよ。

(i) 辺AD

(ii) 線分EF

5 右の図のように，底面の1辺の長さが2cm，高さが$\sqrt{3}$cmの正四角すいO−ABCDがあり，辺OB上を動く点をPとする。

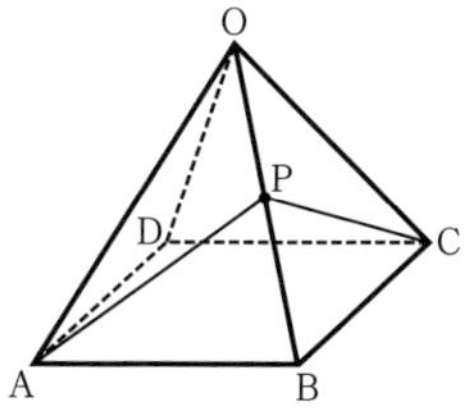

(1) 正四角すいO−ABCDの体積を求めよ。

(2) △OABの面積を求めよ。

(3) 線分の長さの和 AP＋PC が最小になるとき，その最小の長さを求めよ。

stage 4

1 右の図のように，AC＝16cm の △ABC がある。辺 AB 上に点 D を，AD＝8cm となるようにとり，辺 AC 上に点 E を，AE＝10cm となるようにとる。∠BDC＝∠BEC のとき，次の問いに答えよ。

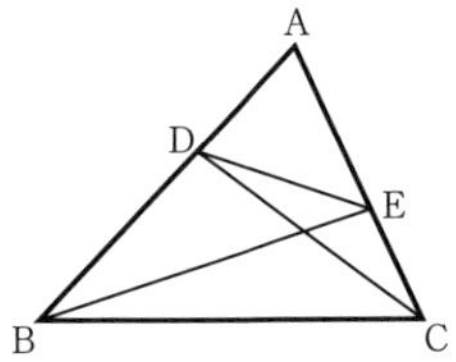

(1) △ACD∽△ABE であることを証明せよ。

(2) 線分 BD の長さを求めよ。

(3) △ABC：△CDE を求めよ。

2 右の図のように，放物線 $y=\frac{1}{2}x^2$ と直線 ℓ が 2 点 A，B で交わっている。点 A，B の x 座標はそれぞれ -2，3 である。ただし，座標軸の 1 めもりを 1cm とする。

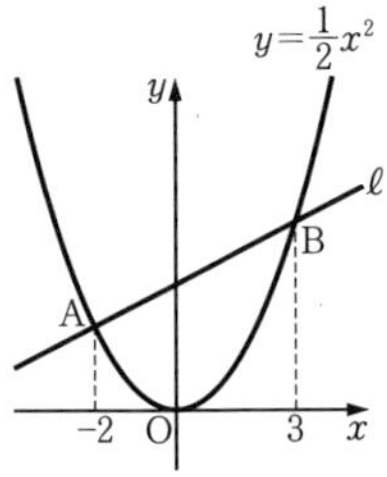

(1) 直線 ℓ の式を求めよ。

(2) 点 A を通り x 軸に平行な直線と，放物線との交点のうち，A と異なる点を P とするとき，△APB の面積を求めよ。

(3) 点 P から直線 ℓ にひいた垂線の長さを求めよ。

3 右の図のように，AB＝3cm，CD＝5cm，AC＝AD＝BC＝BD＝4cm の四面体 ABCD があり，M は辺 CD の中点である。

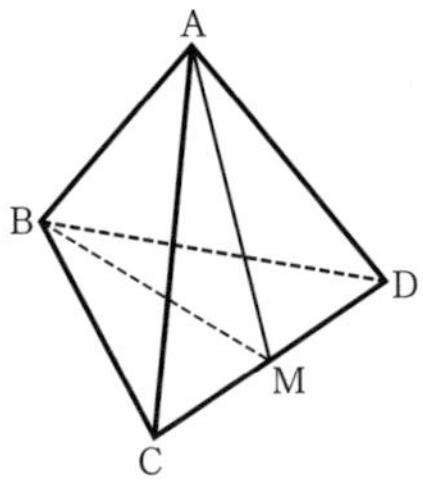

(1) 線分 AM の長さを求めよ。

(2) △ABM の面積を求めよ。

(3) 四面体 ABCD の体積を求めよ。

4 Aさん，Bさんの2人が何枚かのカードをもっている。この2人が次のように2回のカードのやり取りを行う。

（1回目） Aさんは，Bさんがもっているカードの枚数の3倍の枚数のカードをBさんに渡す。

（2回目） Bさんは，Aさんがもっているカードの枚数の2乗の枚数のカードをAさんに渡す。

2回目のやり取りが終わったとき，AさんとBさんがもっているカードの枚数はそれぞれ12枚，27枚であった。

(1) 1回目のやり取り終了後にAさんがもっているカードの枚数をt枚とするとき，2回目のやり取り終了後にAさんがもっているカードの枚数をtを使って表せ。

(2) Aさんが最初にもっていたカードの枚数を求めよ。

5 図1のように，AB＝2cm，AD＝9cmの長方形ABCDとEF＝GF＝9cmの直角二等辺三角形EFGがある。辺ABとEFは，ともに直線ℓ上にあり，頂点AとEは重なっている。

図1の状態から，長方形ABCDを固定しておき，△EFGを直線ℓにそって，矢印の向きに頂点FがBに重なるまで移動させる。図2は，移動の途中の状態を示したものである。辺EGと辺AD，BCとの交点をそれぞれP，Qとする。

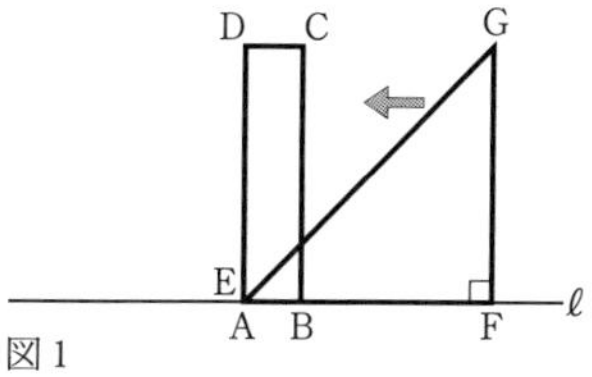

図1

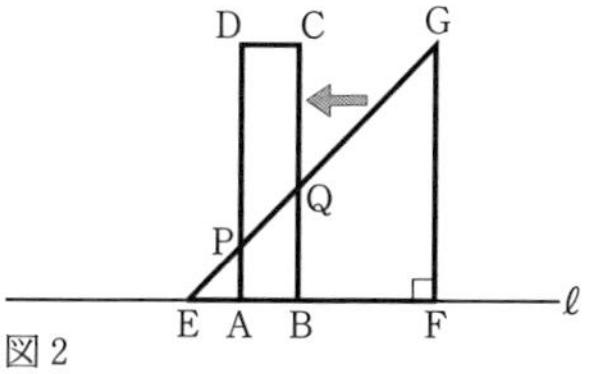

図2

頂点EがAと，頂点FがBと，それぞれ重ならないとき，EA＝$x$cmとして，次の問いに答えよ。

(1) xの変域を求めよ。

(2) 線分BQの長さをxを使って表せ。

(3) △EAPの面積と台形CDPQの面積が等しいとき，xの値を求めよ。

stage 5

1 右の図のように，関数 $y=ax^2$ のグラフと2直線 ℓ，m があり，それらの交点のうちの3点をA，B，Cとする。2直線は点D(0，3)で交わり，直線 ℓ の傾きは2である。点Aの x 座標は3，点B，Cの y 座標はそれぞれ1，4である。ただし，座標軸の1めもりを1cmとする。

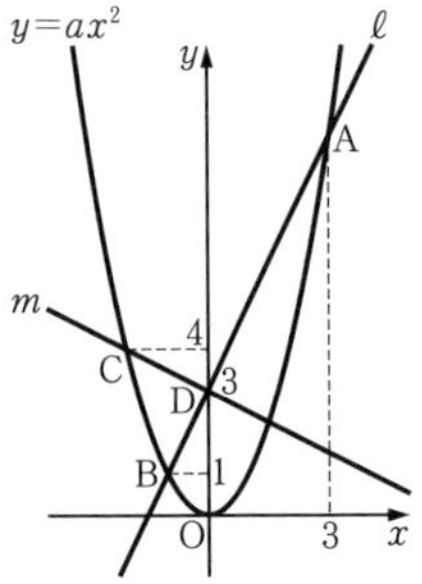

(1) 点Aの y 座標を求めよ。

(2) 直線 m の式を求めよ。

(3) △ABCの面積を求めよ。

2 右の図のように，辺ABを共有する△ABCと△ADBがあり，四角形ADBCは対角線ABを対称軸とする線対称な図形である。△ABCの3つの頂点を通る円と，辺DAの延長との交点をEとし，線分BEと辺ACとの交点をFとする。

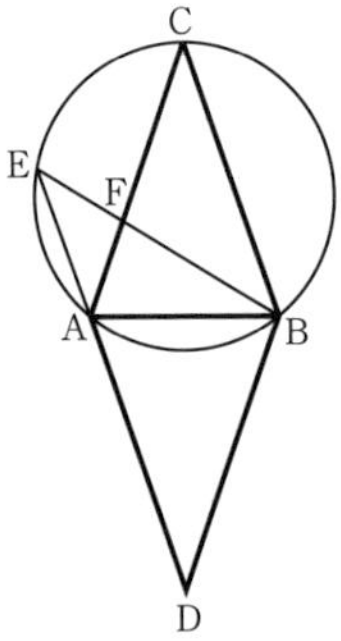

(1) $\angle ABF=30^\circ$，$\angle AFE=100^\circ$ のとき，$\angle BAF$ の大きさを求めよ。

(2) BC＝BE であることを証明せよ。

3 さいころAとBがある。この2つのさいころを同時に投げるとき，次の問いに答えよ。

(1) 出た目の和が5になる確率を求めよ。

(2) さいころAの出た目の数を a，さいころBの出た目の数を b とする。このとき，2次方程式 $x^2+ax+b=0$ の解が整数になる確率を求めよ。

4 右の図のように，AB＝2cm，BC＝5cm，CD＝5cm，DA＝4cm，∠A＝∠D＝90° の台形 ABCD がある。点 P は台形の辺上を，頂点 A から頂点 B，C を通って頂点 D まで動く。

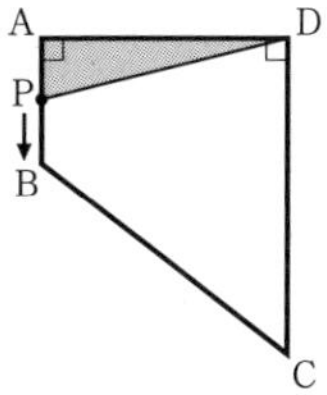

点 P が頂点 A から $x$cm 動いたときの △APD の面積を $y$cm^2 とする。ただし，3 点 A，P，D が三角形をつくらないときは，y=0 とする。

(1) 点 P が辺 AB 上を動くとき，y を x の式で表せ。また，そのときの x の変域を求めよ。

(2) 点 P が台形の辺上を頂点 A から頂点 B，C を通って頂点 D まで動くとき，△APD の面積の変化のようすを表すグラフを右の図にかけ。

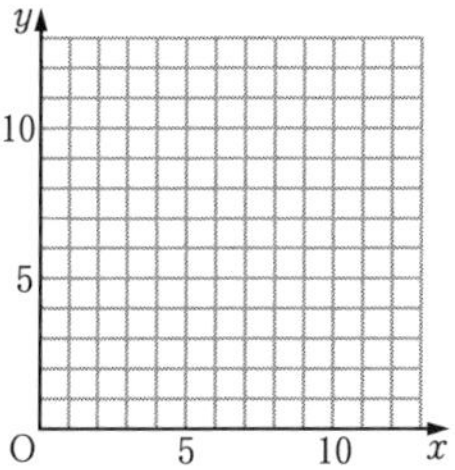

(3) △APD の面積が台形 ABCD の面積の $\frac{1}{2}$ となるときの x の値をすべて求めよ。

5 右の図のように，AB＝AC の三角柱 ABC-DEF があり，辺 AD 上に点 G を，BG＝FG となるようにとる。

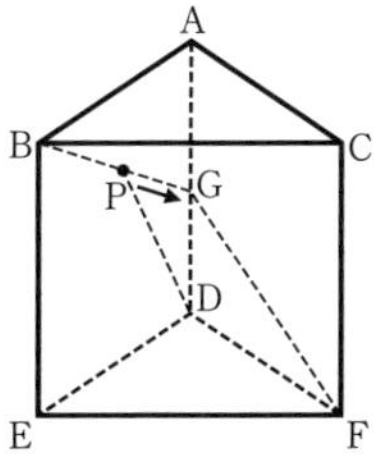

(1) 三角柱 ABC-DEF の辺のうち，線分 GF とねじれの位置にある辺をすべて答えよ。

(2) ∠AGB＋∠AGF を求めよ。

(3) 点 P が線分 BG，GF 上を頂点 B から頂点 F まで動く。BE＝4cm のとき，線分 DP の長さの最大値が 5cm である。線分 DP の長さの最小値を求めよ。

stage 6

1 右の図のように，関数 $y=ax^2$ $(a>0)$ のグラフ上に 2 点 A，B がある。点 A の座標は $(-3,\ 3)$ であり，B を中心とする円が y 軸と直線 $y=6$ に接している。ただし，座標軸の 1 めもりを 1cm とする。

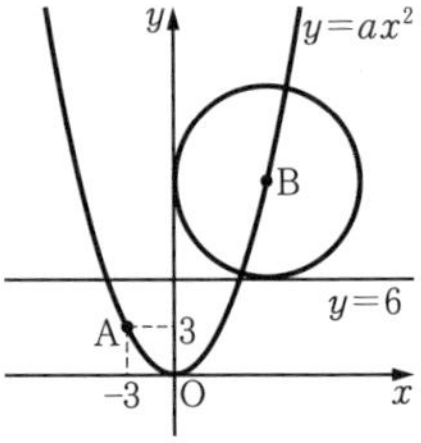

(1) a の値を求めよ。

(2) B を中心とする円の半径を求めよ。

(3) B を中心とする円の周上に点 P を，線分 AP の長さが最大になるようにとる。このとき，線分 AP の長さを求めよ。

2 右の図のような △ABC があり，辺 BC 上に点 D をとり，▱ACDE をつくる。辺 AB と DE との交点を F とし，線分 BF 上に点 G を，EG＝EA となるようにとる。また，辺 CD 上に点 H を，∠CAH＝∠BAE となるようにとる。

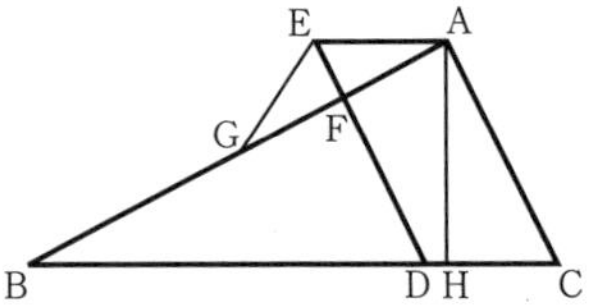

(1) △ABH∽△EGF であることを証明せよ。

(2) AF＝FG，BG＝16cm，BD＝27cm，AE＝9cm のとき，辺 DE の長さを求めよ。

3 右の図のように，4 点 O(0，0)，A(1，5)，B(3，7)，C(6，0) がある。

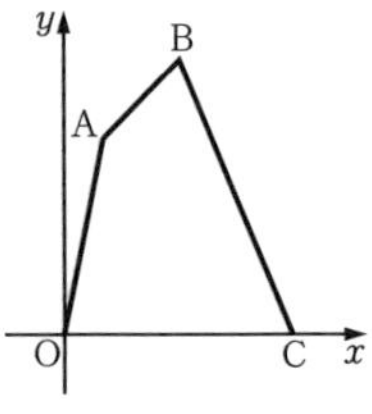

(1) 点 B を通り，直線 AC に平行な直線の式を求めよ。

(2) 点 A を通り，四角形 OABC の面積を 2 等分する直線の式を求めよ。

(3) 2 直線 OB，AC の交点を D とするとき，AD：DC を求めよ。

4 ガソリンで動く2種類のポンプA，Bを使って，容積300kLの空のタンクに水を入れる。タンクを満水にするのに，A1台とB2台をいっしょに使うと30分かかり，A3台とB1台をいっしょに使うと20分かかる。

(1) A1台で1分間に何kLの水をタンクに入れることができるか。

(2) Aをm台とBをn台をいっしょに使うと，タンクを満水にするのに6分かかり，ガソリンは合わせて57L消費する。1分間にA1台とB1台が消費するガソリンの量がそれぞれ0.5L，0.7Lであるとき，m，nの値を求めよ。

5 右の図のように，関数 $y=\dfrac{6}{x}$ のグラフと2点A(0, −1)，B(a, 0)がある。関数 $y=\dfrac{6}{x}$ のグラフと直線ABとの交点のうち，x座標が小さいほうをC，大きいほうをDとし，aを正の数とする。

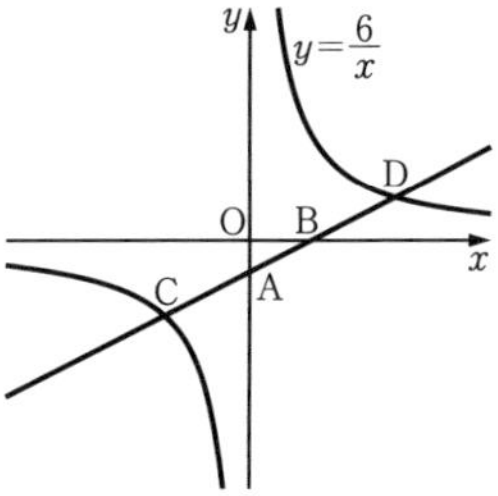

(1) $a=2$ のとき，直線ABの式を求めよ。

(2) 点Cのx座標，y座標がともに整数となるようなaの値はいくつあるか。

(3) AB：BD＝2：3 のとき，aの値を求めよ。

6 右の図のように，1辺の長さが2cmの立方体ABCD−EFGHがあり，辺BFの中点をMとする。

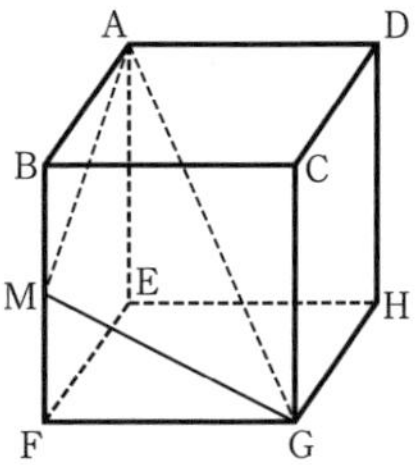

(1) 対角線AGの長さを求めよ。

(2) △AMGを，対角線AGを軸として1回転させてできる回転体について，次の問いに答えよ。

(i) この回転体の体積を求めよ。

(ii) この回転体の表面積を求めよ。

stage 7

1 20km 離れた A 町と B 町の間をバスが運行している。大樹君は 8 時に A 町を自転車で出発し，P 停留所まで行く途中の 8 時 24 分に，B 町を 8 時 5 分に出発した A 町行きのバスに出会った。8 時 40 分に P 停留所に着き，5 分待って 8 時 45 分にバスに乗り，9 時に B 町に着いた。

自転車の速さを時速 $x$km，バスの速さを時速 $y$km として，次の問いに答えよ。

(1) x，y についての連立方程式をつくれ。

(2) x，y の値を求めよ。

(3) 大樹君が乗ったバスが A 町を出発した時刻を求めよ。

2 右の図のように，AB を直径とする半径 1cm の半円がある。直径 AB の延長上に点 C を，BC＝AB となるようにとり，C から半円にひいた接線の接点を D とする。

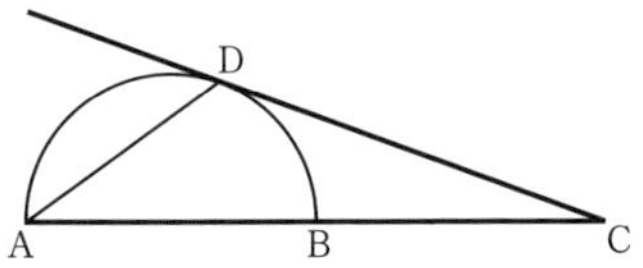

(1) 線分 CD の長さを求めよ。

(2) 線分 AD の長さを求めよ。

(3) △ACD を，直線 CD を軸として 1 回転させてできる回転体の体積を求めよ。

3 n 本の鉛筆を x 人の生徒に 4 本ずつ配ると 1 本余り，y 人の生徒に 3 本ずつ配ると 2 本余る。

(1) $x=7$ のとき，y の値を求めよ。

(2) $1 \leqq n \leqq 30$ のとき，(1)以外に条件を満たす（x，y）は 2 組ある。その x の値をすべて求めよ。

(3) $100 \leqq n \leqq 200$ のとき，条件を満たす n の値はいくつあるか。

4 右の図のように，関数 $y=\frac{1}{4}x^2$ のグラフと右下がりの直線 ℓ が 2 点 A，B で交わっている。点 A，B の x 座標はそれぞれ t，2 である。ただし，座標軸の 1 めもりを 1cm とする。

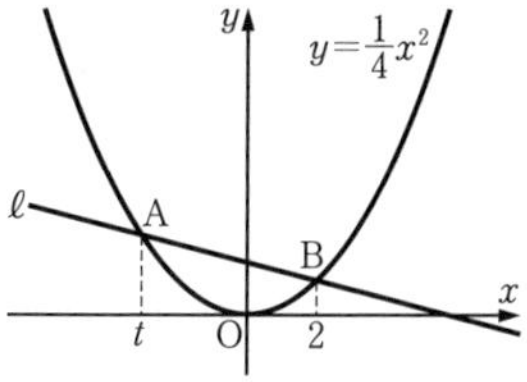

(1) 関数 $y=\frac{1}{4}x^2$ について，x の変域が $-1 \leqq x \leqq 5$ のとき，y の変域を求めよ。

(2) $t=-4$ のとき，線分 AB の長さを求めよ。

(3) 直線 ℓ と x 軸との交点を C とし，点 A から x 軸にひいた垂線と，x 軸との交点を D とする。CD＝4AD となるときの t の値を求めよ。

5 右の図で，3 点 O，A，B の座標をそれぞれ (0, 0)，(10, 0)，(2, 4) とする。直線 $y=\frac{1}{2}x-k$ と線分 OA，AB との交点をそれぞれ P，Q とし，$0<k<5$ とする。点 Q を通り直線 OA に平行な直線と，線分 OB との交点を R とする。ただし，座標軸の 1 めもりを 1cm とする。

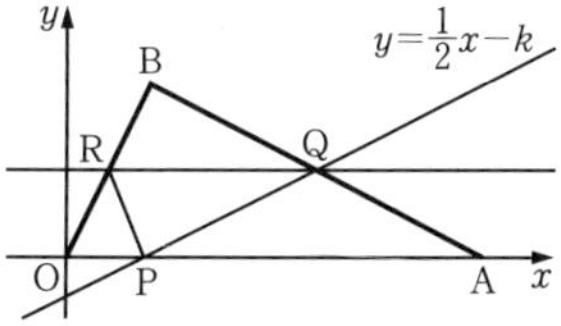

(1) $k=1$ のとき，点 R の座標を求めよ。

(2) PR // AB となるときの k の値を求めよ。

(3) △PQR の面積が $\frac{15}{4}$cm^2 となるときの k の値を求めよ。

6 右の図のような四面体 ABCD で，∠BAD＝90°，△ABC と △ACD はともに 1 辺の長さが 4cm の正三角形であり，辺 BD の中点を M とする。

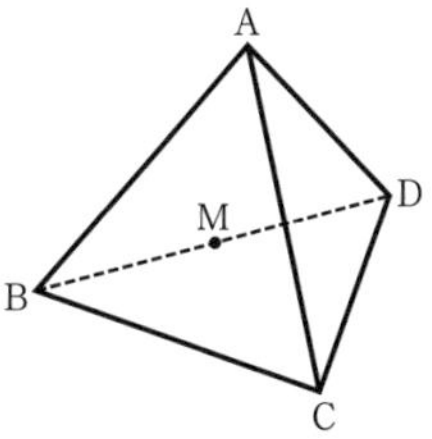

(1) ∠MAC の大きさを求めよ。

(2) 四面体 ABCD の 4 つの頂点を通る球の半径を求めよ。

(3) 四面体 ABCD の体積を求めよ。

(4) 四面体 ABCD の 4 つの面に接する球の半径を求めよ。

stage 8

1 右の図のように，ABを直径とする円Oの周上に2点C，Dを，$\overset{\frown}{AC}=2\overset{\frown}{BC}$，$\overset{\frown}{AD}=\overset{\frown}{BD}$ となるようにとり，直径ABと弦CDとの交点をEとし，点Aから弦CDに垂線AHをひく。AB＝12 のとき，次の問いに答えよ。

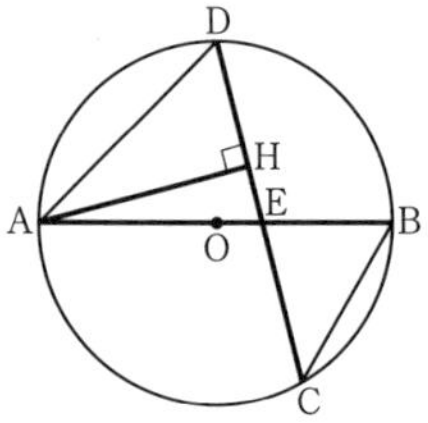

(1) 線分AHの長さを求めよ。
(2) CH：HD を求めよ。
(3) △AED：△CEB を求めよ。

2 1から5までの整数が1つずつ書かれた赤球，白球，青球がそれぞれ5個ずつ合計15個あり，1つの袋にはいっている。この中から3個の球を同時に取り出し，その球に書かれた整数を長さとする3つの線分を考える。
(1) この3つの線分を辺とする三角形が正三角形となるとき，球の取り出し方は何通りあるか。
(2) この3つの線分を辺とする三角形が正三角形でない二等辺三角形となるとき，球の取り出し方は何通りあるか。
(3) この3つの線分を辺とする三角形が直角三角形となるとき，球の取り出し方は何通りあるか。

3 右の図の1辺の長さが4の立方体ABCD−EFGHで，辺CDの中点をMとする。この立方体を3点E，G，Mを通る平面で切断する。

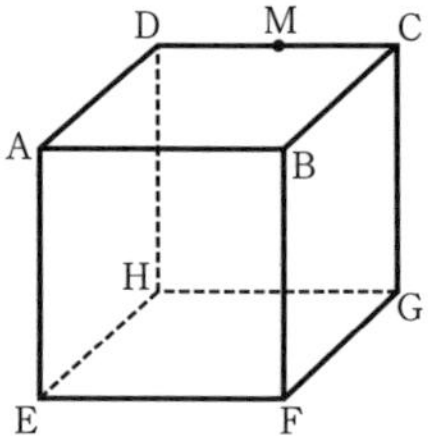

(1) 切り口の図形の面積を求めよ。
(2) 切断された2つの立体のうち，頂点Hをふくむほうの立体の体積を求めよ。

4 ある高校の1年生が3つの選択科目A，B，Cのうち，いずれか1科目を選択した。A，B，Cを選択した人数をそれぞれa人，b人，c人とすると，a，b，cについて，次の①～③が成り立つ。

① $abc=1380$　　② $2<a<b$　　③ $a+b<c$

このとき，$a+b+c$ のとりうる値のうち，2番目に大きい値を求めよ。

5 右の図のように，放物線 $y=\frac{1}{2}x^2$ と直線ℓとの交点をそれぞれA，Bとし，直線ℓとy軸との交点をCとする。直線ℓの傾きが -2，AC：CB=3：1 のとき，次の問いに答えよ。

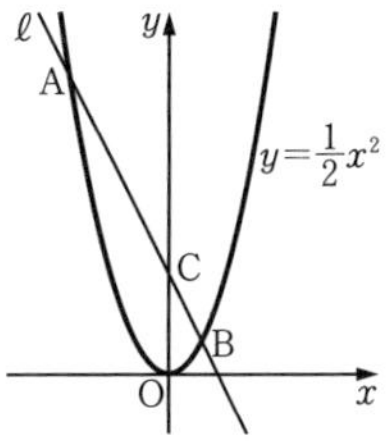

(1) 点Aの座標を求めよ。

(2) 直線ℓの式を求めよ。

(3) 直線 $y=-2x+16$ と放物線との交点のうち，x座標が正である点をD，負である点をEとする。線分DE上に点Fを，△CFEと△CFBの面積の比が 9：2 となるようにとるとき，点Fの座標を求めよ。

6 右の図のように，1辺の長さが6の正方形ABCDがあり，辺ADを3等分する点をE，Fとし，辺BCを3等分する点をG，Hとする。線分EG上に点Pを，線分FH上に点Qを，図形ABCQPの面積が23となるようにとる。

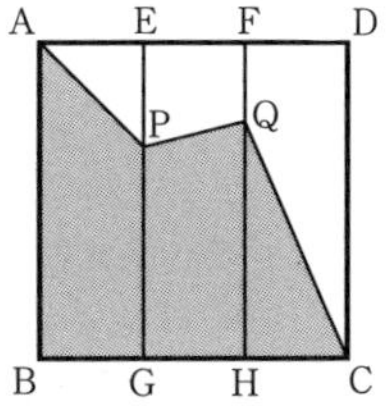

(1) PG=3 のとき，線分QHの長さを求めよ。

(2) 3点P，Q，Cが一直線上にあるとき，線分PGの長さを求めよ。

(3) 点Pの動きうる範囲の長さを求めよ。

(4) 線分PQの動きうる範囲の面積を求めよ。

stage 9

1 右の図のような正六角形 ABCDEF がある。大中小の3つのさいころを同時に投げるとき，出る目に次の頂点を対応させる。

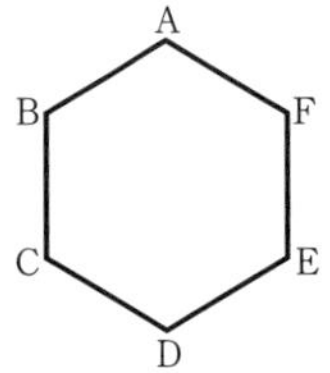

1→A　　2→B　　3→C　　4→D
5→E　　6→F

さいころの出る目に対応する頂点を結んだ図形が次のようになるとき，目の出方はそれぞれ何通りあるか。

(1) △ABC　　(2) 正三角形　　(3) 直角三角形

2 右の図は，関数 $y=\frac{12}{x}$ のグラフである。このグラフ上に2点 A，B があり，A，B の座標はそれぞれ (2, 6)，(4, 3) である。また，P は x 軸上を動く点である。

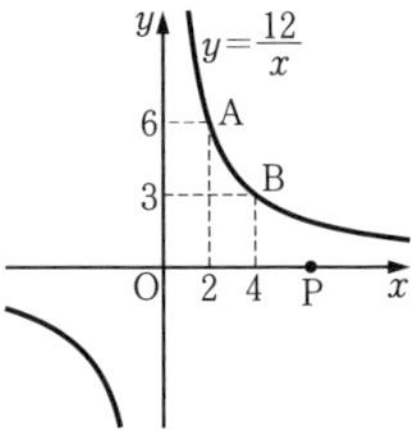

(1) 点 P の x 座標が 4 のとき，2点 A，P を通る直線の式を求めよ。

(2) 点 P の x 座標が負であるとき，直線 AP と関数 $y=\frac{12}{x}$ のグラフとの交点のうち，A と異なる点を C として，線分 AP の長さが線分 PC の長さの2倍になるようにする。このとき，点 C の座標を求めよ。

(3) △APB の面積が 12 のとき，点 P の x 座標をすべて求めよ。

(4) 線分の長さの和 AP＋BP が最小になるとき，点 P の x 座標を求めよ。

3 濃度 10％ の食塩水 100g を入れた容器から xg の食塩水をくみ出し，xg の水を加えた。よくかき混ぜて，さらに 2xg の食塩水をくみ出し，3xg の水を加えたら，濃度が 4％ になった。

(1) 下線部において，くみ出した 2xg の食塩水にふくまれる食塩の重さを x を使って表せ。

(2) x の値を求めよ。

4 1 辺の長さが $\sqrt{3}$ の正方形 ABCD がある。右の図のように，正方形 ABCD を，頂点 A を中心に反時計まわりに 30° 回転させ，正方形 AEFG をつくる。辺 CD と EF との交点を H とするとき，次の問いに答えよ。

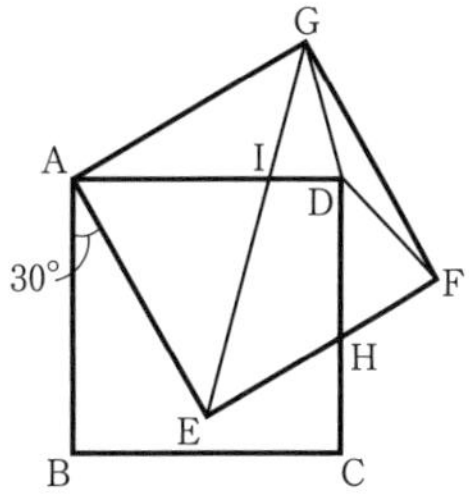

(1) 四角形 AEHD の面積を求めよ。

(2) ∠GDF の大きさを求めよ。

(3) 辺 AD と線分 GE との交点を I とするとき，$\dfrac{\mathrm{IE}}{\mathrm{GI}}$ の値を求めよ。

5 右の図のように，底面の半径が 2cm，高さが $2\sqrt{3}$ cm の円すいに，底面の半径が 1cm の円柱が接している。円すいの頂点 O から母線 OA をひき，円柱との接点を B とする。

点 P は点 A を出発し，秒速 πcm で円すいの底面の円周上を動く。点 Q は点 B を出発し，点 P と同じ向きに秒速 $\dfrac{\pi}{4}$cm で円柱の上面の円周上を動く。2 点 P，Q が同時に出発してから 2 秒後の P，Q の位置をそれぞれ M，N とする。

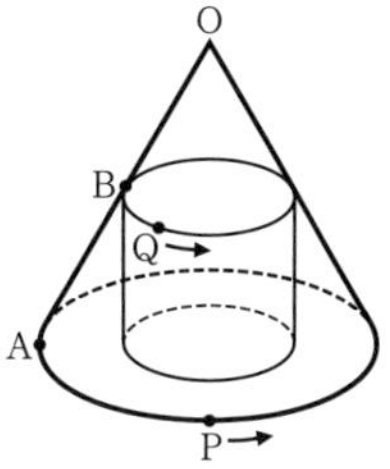

(1) 線分 MN の長さを求めよ。

(2) △OMN の面積を求めよ。

stage 10

1 右の図のように，1辺の長さが 8cm の正三角形 ABC がある。点 P と点 Q はそれぞれ頂点 A，B を同時に出発し，三角形の辺上を矢印の向きに動く。点 P は秒速 1cm，点 Q は秒速 2cm で動く。

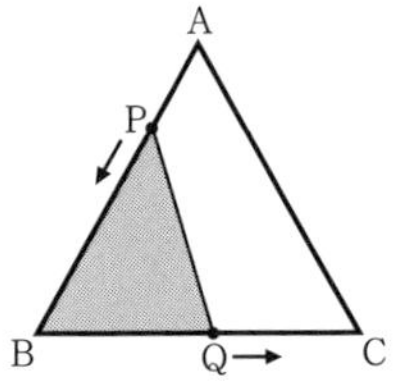

点 P と点 Q がそれぞれ頂点 A，B を出発してから x 秒後の △PBQ の面積を $y$cm^2 とする。

(1) 頂点 A から辺 BC にひいた垂線の長さを求めよ。

(2) $0<x<8$ のとき，y を x の式で表せ。

(3) $0<x<8$ のとき，$y=\dfrac{15\sqrt{3}}{2}$ となる x の値をすべて求めよ。

2 4けたの自然数 n を2けたごとに分けた自然数を a，b とする。たとえば，$n=3284$ のときは $a=32$，$b=84$ であり，$n=1503$ のときは $a=15$，$b=3$ である。a と b の和の2乗が，もとの自然数 n に等しいとき，次の問いに答えよ。

(1) $b=25$ のとき，n の値をすべて求めよ。

(2) $a+b=99$ のとき，n の値を求めよ。

3 右の図で，AB，CD はともに円 O の直径である。$\overset{\frown}{BD}$ 上に点 E を，AE⊥CD となるようにとり，線分 AE と CD との交点を F とする。

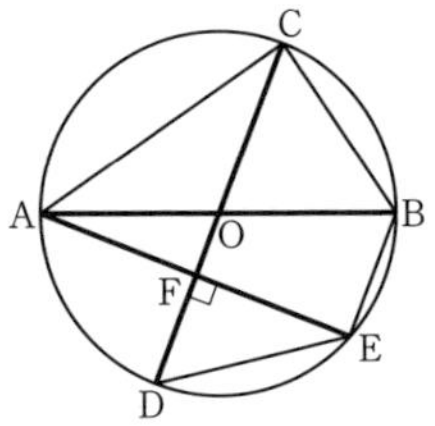

(1) △ABC∽△EDF であることを証明せよ。

(2) AB=8，AC=6 のとき，次の問いに答えよ。

(i) 線分 DE，EF の長さを求めよ。

(ii) 四角形 BCDE の面積を求めよ。

4 右の図のように1次関数 $y=x+3$ …① と $y=-\frac{1}{2}x+6$ …② のグラフがある。

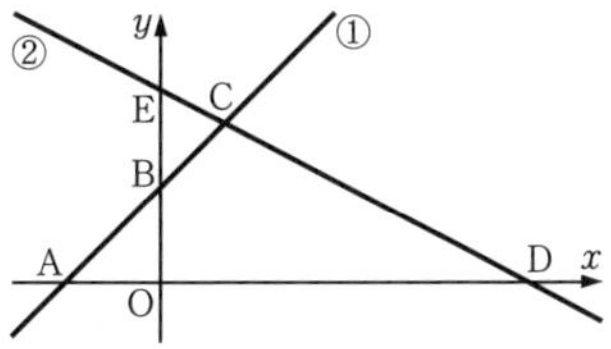

①と x 軸，y 軸との交点をそれぞれA，Bとし，①と②との交点をC，②と x 軸，y 軸との交点をそれぞれD，Eとする。

(1) 線分CE上に点Fをとる。四角形ODCBと△ODFの面積が等しくなるとき，点Fの座標を求めよ。

(2) 線分BC上に点Pをとる。点Pから x 軸にひいた垂線と x 軸との交点をQとする。点Pを通り x 軸に平行な直線と②との交点をS，Sから x 軸にひいた垂線と x 軸との交点をRとする。四角形PQRSの面積が $\frac{63}{4}$ となるとき，点Pの座標を求めよ。

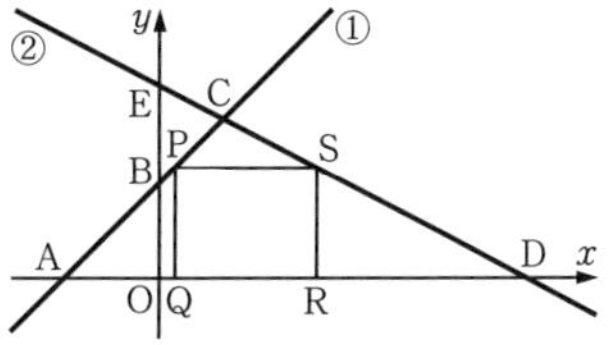

5 図1のような三角すいO–ABCがある。底面の△ABCは1辺の長さが6の正三角形，側面の△OABと△OACは OA＝8，∠A＝90° の直角三角形で，OAはこの三角すいの高さになっている。辺OCの中点をPとするとき，次の問いに答えよ。

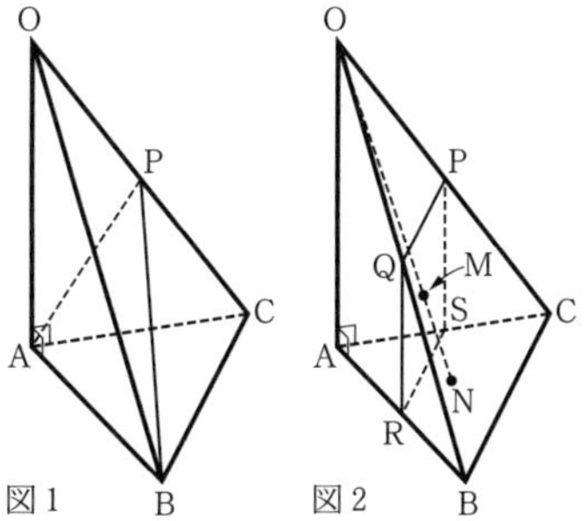

図1　図2

(1) 辺OCの長さを求めよ。

(2) 線分APの長さを求めよ。

(3) 三角すいP–ABCの体積を求めよ。

(4) 図2のように，辺OB，AB，ACの中点をそれぞれQ，R，Sとし，四角形PQRSの対角線の交点をMとする。直線OMと底面ABCとの交点をNとするとき，線分ONの長さを求めよ。

stage 11

1 △ABC の 3 頂点の座標は，A(1, 1)，B(5, 3)，C(3, 7) である。大小 2 つのさいころを投げて，大きいさいころの目の数を a，小さいさいころの目の数を b とし，(a, b) を座標とする点を P とする。

(1) 点 P(a, b) が △ABC の周および内部にある確率を求めよ。

(2) 直線 $y=\frac{b}{a}x$ が △ABC の頂点を通らず，周とも交わらない確率を求めよ。

2 右の図のように，関数 $y=ax^2$ のグラフ上に 2 点 A，B があり，A，B の x 座標はそれぞれ -2，1，直線 AB の傾きは -1 である。

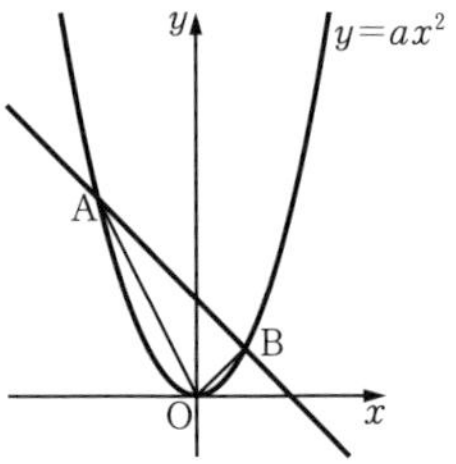

(1) a の値を求めよ。

(2) △OAB の面積を求めよ。

(3) この関数のグラフ上に 3 点 O，A，B と異なる点 P を，△PAB の面積が △OAB の面積と等しくなるようにとるとき，点 P の x 座標をすべて求めよ。

3 右の図のように，1 辺の長さが $2\sqrt{3}$ の立方体 ABCD–EFGH がある。辺 FG，GH，CG，DH，BF の中点をそれぞれ P，Q，R，S，T とするとき，次の面積を求めよ。

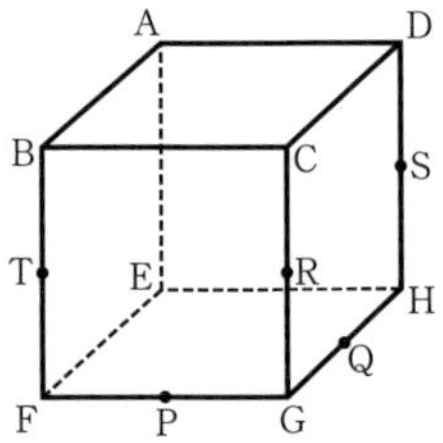

(1) △PQR

(2) 四角形 ATGS

(3) 四角形 PQST

4 下の図のように，直線 ℓ 上に3点O，A，Bがあり，OA＝50m，OB＝200m とする。

直線 ℓ 上の点Pと点Qは，点Oを同時に出発し，次の条件にしたがって点Bに向かって動き，どちらの点も5秒後に点Aを通過し，Bに到着するとそこで静止した。

（条件） 点Pが進む距離（m）は，出発してからの時間（秒）の2乗に比例し，点Qが進む距離（m）は，出発してからの時間（秒）に比例する。

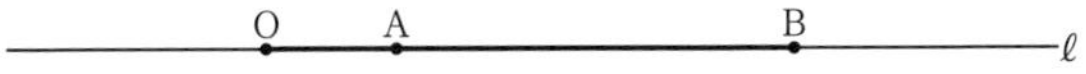

(1) 点Pが点Oを出発してから x 秒間に進む距離を y m とする。x の変域が $0 \leqq x \leqq 10$ のとき，x と y の関係を表す式を求めよ。

(2) 点Oを出発してから4秒後の2点P，Q間の距離を求めよ。

(3) 2点P，Q間の距離が12m になるのは，点Oを出発してから何秒後か。考えられる時間をすべて求めよ。

5 右の図の長方形ABCDは，AB＝10，AB＞AD である。∠ADCの二等分線と辺ABとの交点をEとする。辺BC上に点Fをとり，線分DFを折り目としてこの長方形を折ったところ，頂点Cと点Eが重なった。

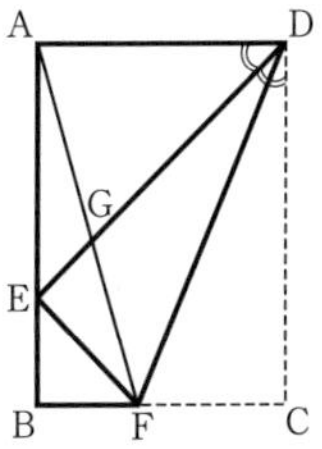

(1) 辺ADの長さを求めよ。

(2) 線分BFの長さを求めよ。

(3) 線分AFとDEとの交点をGとするとき，$\dfrac{\mathrm{EG}}{\mathrm{GD}}$ の値を求めよ。

stage 12

1 右の図で，A(0, 3)，B(−1, 0)，C(1, 0)，D(3, 0)，E(3, 3)，F(1, 3) とする。

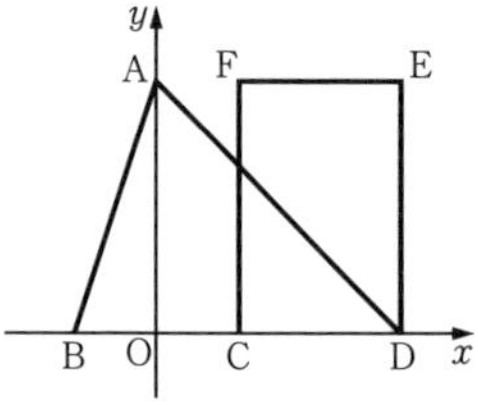

(1) 原点を通り，△ABD の面積を 2 等分する直線の式を求めよ。

(2) 原点を通り，長方形 CDEF の面積を 2 等分する直線の式を求めよ。

(3) 原点を通り傾き m の直線が辺 EF と共有点をもつとき，m の値の範囲を求めよ。

(4) 原点 O を中心とし，OF を半径とする円をかく。直線 $y=\frac{1}{2}x$ と線分 OF とこの円でつくられるおうぎ形のうち，中心角が小さいほうのおうぎ形の面積を求めよ。

2 整数 870 について，次の問いに答えよ。

(1) 素因数分解をせよ。

(2) 正の約数の個数，および正の約数の総和を求めよ。

(3) 870 との最大公約数が 87 となる 3 けたの正の整数はいくつあるか。

3 右の図のように，∠ABC が鋭角で，AB=5，BC=7 の ▱ABCD がある。∠B，∠C の二等分線と辺 AD との交点をそれぞれ E，F とし，線分 BE と CF との交点を G とする。▱ABCD の面積が 28 のとき，次の問いに答えよ。

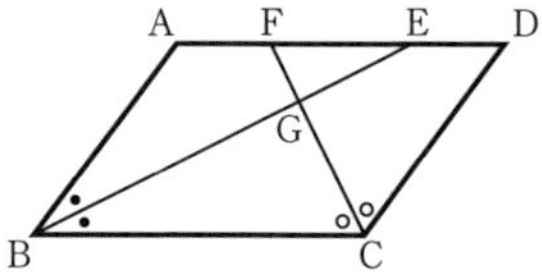

(1) 線分 CF の長さを求めよ。

(2) △EFG の面積を求めよ。

4 A君とB君は，1周42kmのサイクリングコースを自転車でまわる。2人はコースのS地点を同時に出発し，A君は時計まわりに時速16kmで走り，B君は反時計まわりに一定の速さで走る。B君は，A君とはじめてすれちがってから2時間後にS地点を通過した。

(1) B君がコースを1周するのにかかる時間を求めよ。

(2) A君とB君が2回目にすれちがうのは，S地点から時計まわりに何kmの地点か。

5 右の図のように，1辺の長さが8cmの正方形ABCDがある。点Pと点Qはそれぞれ頂点A，Bを同時に出発し，正方形の辺上を反時計まわりに動く。点Pは秒速1cm，点Qは秒速2cmで動く。

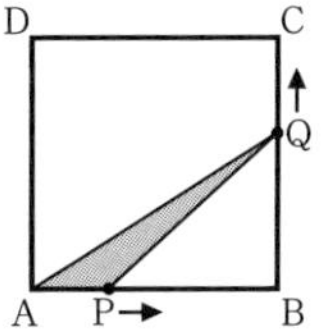

点Pと点Qがそれぞれ頂点A，Bを出発してからx秒後の△APQの面積を$y$cm^{2}とし，Qが1周する間のxとyの関係を調べる。ただし，3点A，P，Qが三角形をつくらないときは，$y=0$とする。

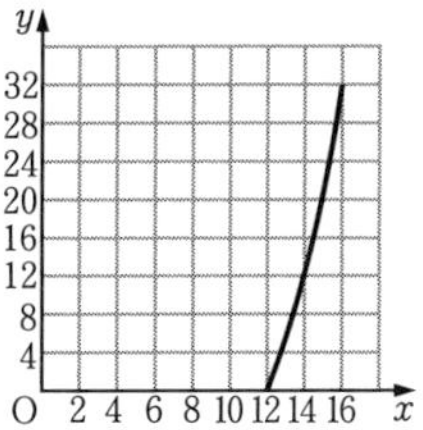

(1) $0 \leqq x \leqq 12$のとき，xとyの関係を表す式を求めよ。また，右のグラフを完成せよ。

(2) $12 \leqq x \leqq 16$のとき，xとyの関係を表す式を求めよ。

(3) △APQの面積が21cm^{2}となるときのxの値をすべて求めよ。

6 右の図のように，すべての辺の長さが6である正四角すいO–ABCDがあり，辺OB，ODの中点をそれぞれL，Mとする。3点A，L，Mを通る平面でこの正四角すいを切るとき，切断面と辺OCとの交点をNとする。

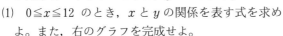

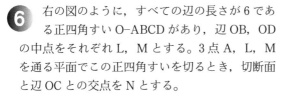

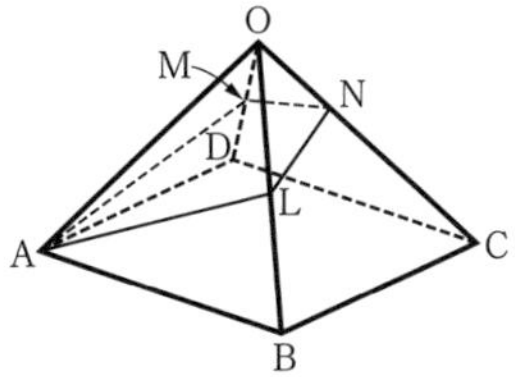

(1) 四角形ALNMについて，次の問いに答えよ。

(i) 面積を求めよ。

(ii) 周の長さを求めよ。

(2) 四角すいO–ALNMを切り取ったとき，残りの立体の体積を求めよ。

stage 13

1 右の図は，関数 $y=\dfrac{a}{x}$ のグラフである。

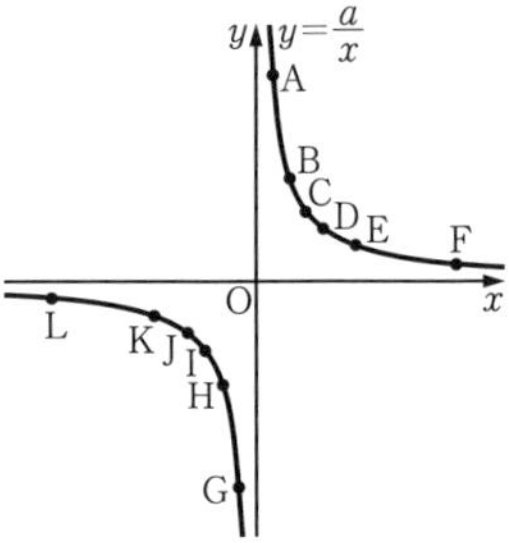

A〜L の各点は，x 座標，y 座標がともに整数であるグラフ上のすべての点を表している。点 B の座標は（2，6）である。

(1) a の値を求めよ。

(2) 点 K の座標を求めよ。

(3) 大小 2 つのさいころがあり，大きいさいころの各面には A，B，C，D，E，F，小さいさいころの各面には G，H，I，J，K，L の文字が書かれている。この 2 つのさいころを投げて，1 番上の面に書かれた文字に対応する 2 点を結ぶ直線をひく。このとき，直線の傾きが 1 より大きくなる確率を求めよ。

2 円 O の周上に点 A がある。2 点 P，Q は点 A を同時に出発し，円 O の周上を反対向きにそれぞれ一定の速さで動く。△APQ は，点 P，Q が点 A を出発してから 60 秒後にはじめて直角三角形になり，さらにその 15 秒後にはじめて二等辺三角形になった。ただし，点 P が点 Q より速く動くものとする。

(1) 点 P は，円 O の周を何秒で 1 周するか。

(2) 点 P，Q が点 A を出発してから，はじめて同時に A に到着するまでの時間内で考えるとき，次の問いに答えよ。

(i) △APQ が直角三角形になるのは，何回か。

(ii) 面積が最も大きい直角三角形 APQ ができるのは，出発してから何秒後か。考えられる時間をすべて求めよ。

3 2けたの自然数 a と，2以上の自然数 b がある。$a>b$ のとき，a を b で割ったときの余りが c であることを $(a,\ b)=c$ と表す。たとえば，18が2で割りきれることを $(18,\ 2)=0$ と表し，23を5で割ったときの余りが3であることを $(23,\ 5)=3$ と表す。

(1) $(a,\ 2)=0$ を満たす a の値はいくつあるか。

(2) $(a,\ 5)+(a,\ 6)=2$ を満たす a の値はいくつあるか。

4 右の図のように，3点A(0, 4)，B(−2, 0)，C(6, 0) を頂点とする △ABC がある。辺AC上を動く点Pがあり，線分OPの延長上に点Qを，△QAC＝△ABO となるようにとる。

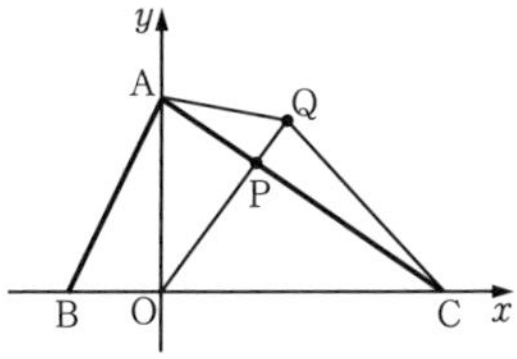

(1) 直線ACの式を求めよ。

(2) 線分OPが△ABCの面積を2等分するとき，点Qの座標を求めよ。

(3) 点Pが辺AC上を頂点Aから頂点Cまで動くとき，線分PQが通過してできる図形の面積を求めよ。

5 右の図のように，底面の半径が1，高さが $2a$ の円柱があり，側面上に底面からの距離が a の点Aがある。点Aを通り底面に垂直な直線と，上の底面，下の底面との交点をそれぞれB，Cとし，$\overset{\frown}{BP}=\overset{\frown}{CQ}$ となる点P，Qを，上の底面，下の底面にそれぞれとる。この円柱を，点Aを通り底面に平行な平面で切ってできる切り口の円の中心をOとする。PO＝PA のとき，次の問いに答えよ。

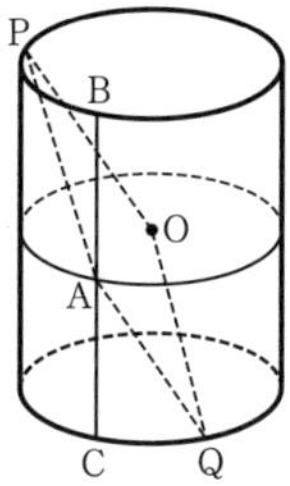

(1) $\overset{\frown}{BP}$ の長さを求めよ。

(2) 四角形PAQOの面積を S とする。

(i) S を a を使って表せ。

(ii) $S=1$ となるときの a の値を求めよ。

stage 14

1 右の図で，放物線 $y=x^2$ と直線 $y=x+6$ が2点A，Bで交わっている。点Aを通り傾きが -3 の直線と，放物線との交点のうち，Aと異なる点をCとする。

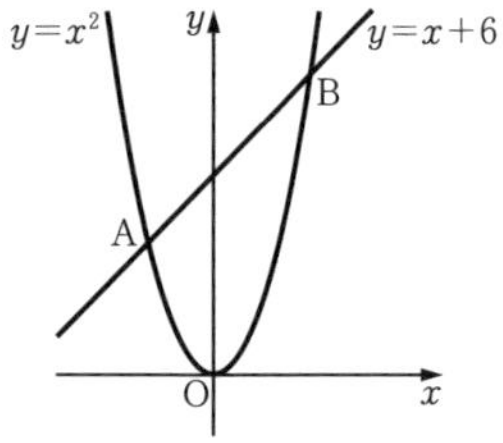

(1) 3点A，B，Cの座標をそれぞれ求めよ。

(2) 直線BCの式を求めよ。

(3) 直線 $y=-x+6k$ が△ABCの面積を2等分するとき，k の値を求めよ。

2 2つの容器A，Bにそれぞれ濃度4%，6%の食塩水が100gずつはいっている。両方の容器から同時に xg ずつくみ出し，容器Aからくみ出した食塩水は容器Bに，Bからくみ出した食塩水はAに入れてよくかき混ぜる。さらにもう一度，両方の容器から同時に xg ずつくみ出して，前と同じ操作をする。

(1) 2回目の操作のあと，容器Aの食塩水にふくまれる食塩の重さを，x を使って表せ。

(2) 2回目の操作のあと，容器Aの食塩水の濃度が4.75%となるときの x の値をすべて求めよ。

3 ABを直径とする円Oがある。右の図のように，直径AB上を動く点Pについて，Pを通る円Oの2つの弦CD，EFがあり，∠EPB＝∠DPB＝45°とする。AB＝8 のとき，次の問いに答えよ。

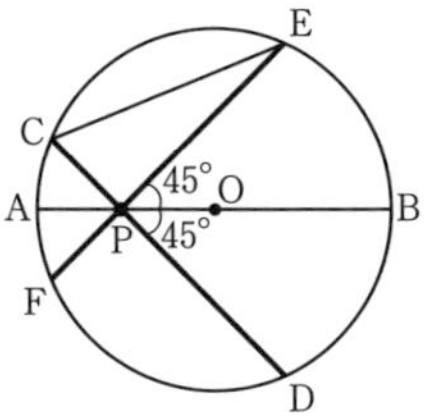

(1) 線分CEの長さを求めよ。

(2) 点Pは，直径AB上を点Aから点Bまで動く。

(i) ∠PEC＝30° のとき，線分APの長さを求めよ。

(ii) 線分CEが通過してできる図形の面積を求めよ。

4 0，1，2，…，9 の 10 種類の数字を使って，4 つの数字を並べたパスワードを作成する。

(1) 同じ数字を 2 回以上使わないようにするとき，何通りのパスワードができるか。

(2) 同じ数字が隣り合わないようにするとき，何通りのパスワードができるか。

(3) 3 と 9 がちょうど 1 つずつふくまれるようにするとき，何通りのパスワードができるか。

5 右の図のように，AB＝1，AD＝2 の長方形 ABCD の内側に正三角形 ABE，外側に正三角形 BCF をつくり，直線 BE と辺 AD との交点を G とする。点 G から直線 AF に垂線をひき，AF との交点を H，直線 BC との交点を I とする。

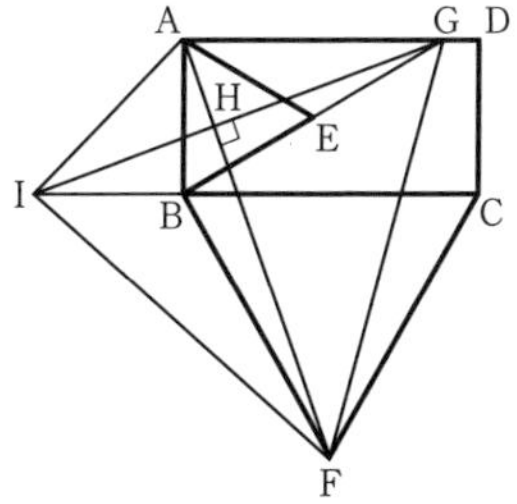

(1) 線分 GF の長さを求めよ。

(2) △ABF≡△IBG であることを証明せよ。

(3) 四角形 AIFG の面積を求めよ。

6 底面の周の長さが 11，高さが h の円柱と，幅が 5，長さが x の長方形のテープ ABCD がある。

図 1 のように，テープの両端から 2 つの合同な三角形（△ABE と △CDF）を切り落とし（ただし，BE＜ED），図 2 のように，円柱にすき間なく重ならないように巻きつけると，ぴったり貼りつけることができた。PQ は円柱の母線である。

(1) △ABE と △CDF の面積の和を求めよ。

(2) h，x の値を求めよ。

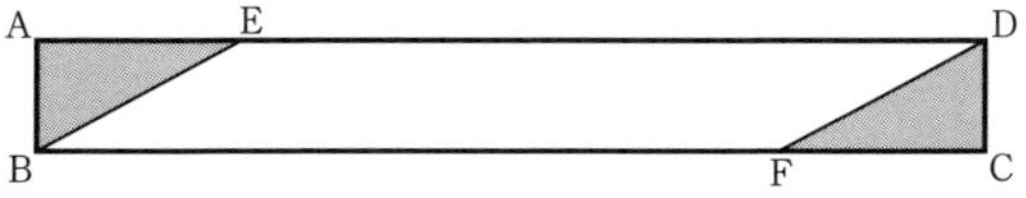

図 1

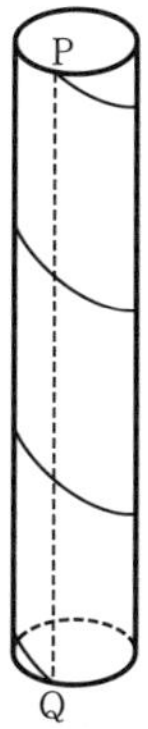

図 2

昇龍堂出版株式会社
〒101-0062
東京都千代田区神田駿河台2-9
TEL 03-3292-8211 FAX 03-3292-8214

新Aクラス 中学数学問題集 融合

解答編

昇龍堂出版

(21-03)

stage 1

1 ◉関数 $y=ax^2$，1 次関数，等積変形◉

答 (1) 1　(2) 1　(3) $y=x+6$　(4) 15 cm^2

解法 (1) $y=x^2$ に $x=1$ を代入して，$y=1^2=1$
よって，A(1，1)
ゆえに，線分 OA の傾きは，$\dfrac{1-0}{1-0}=1$

確認 2 点を通る直線の傾き
$x_1 \neq x_2$ のとき，2 点 (x_1, y_1)，(x_2, y_2) を通る直線の傾きは，

$$(\text{傾き})=\frac{y_2-y_1}{x_2-x_1}$$

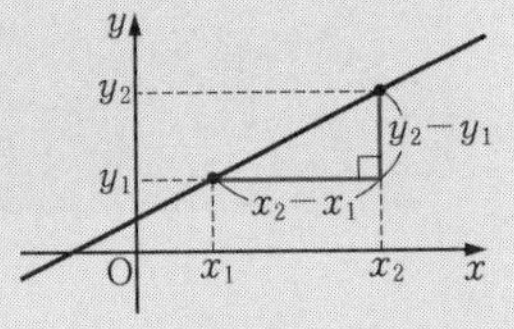

解法 (2) 求める変化の割合は，$\dfrac{3^2-(-2)^2}{3-(-2)}=1$ ……▶14

確認 変化の割合
y が x の関数であるとき，x の増加量に対する y の増加量の割合が変化の割合である。

$$(\text{変化の割合})=\frac{(y\text{ の増加量})}{(x\text{ の増加量})}$$

解法 (3) $y=x^2$ に $x=3$ を代入して，$y=3^2=9$
よって，C(3，9)
(2)より，直線 BC の傾きは 1 であるから，y 切片を b とすると，
直線 BC の式は $y=x+b$ と表すことができる。 ……▶10
C(3，9) より，$9=3+b$　　$b=6$
ゆえに，$y=x+6$

解法 (4) 直線 BC と直線 OA の傾きが等しいから，BC // OA ……▶11 ……▶29
よって，△ABC＝△OBC
直線 BC と y 軸との交点を D とすると，D(0，6)

$\triangle OBC=\triangle OBD+\triangle OCD=\dfrac{1}{2}\times OD\times 2+\dfrac{1}{2}\times OD\times 3$

$=\dfrac{1}{2}\times 6\times 2+\dfrac{1}{2}\times 6\times 3=15$

ゆえに，△ABC＝15

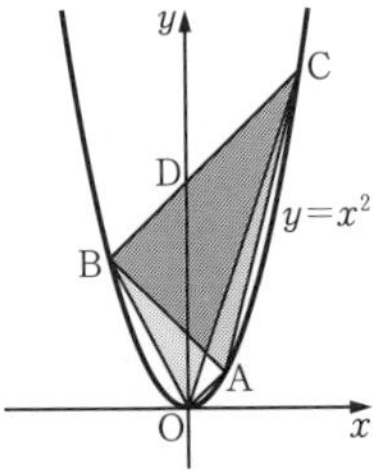

2 ◉連立方程式，整数の性質◉

答 (1) 5人の班は 10班，6人の班は 18班　(2) 5人の班は 3班，6人の班は 4班

解法 (1) 5人の班の数を x 班，6人の班の数を y 班とする。

$\begin{cases} y=x+8 \\ 5x+6y=158 \end{cases}$　これを解いて，$\begin{cases} x=10 \\ y=18 \end{cases}$

解法 (2) 5人の班の数を x 班，6人の班の数を y 班とする。

$5x+6y=39$ より，$5x=3(13-2y)$

よって，$5x$ は3の倍数であるから，x は3の倍数である。

$0 \leqq 5x \leqq 39$ であるから，$x=0,\ 3,\ 6$

$x=0$ のとき，$6y=39$ より $y=\dfrac{13}{2}$　この値は問題に適さない。

$x=3$ のとき，$15+6y=39$ より $y=4$　この値は問題に適する。

$x=6$ のとき，$30+6y=39$ より $y=\dfrac{3}{2}$　この値は問題に適さない。

ゆえに，$x=3,\ y=4$

> **確認** **整数の性質**
> 整数 a，b，c があり，素数 p に対して，$ab=pc$ のとき，a または b の少なくとも一方は p の倍数である。

3 ◉相似，三平方の定理◉

答 (1) △ABD と △AEF において，

△ABC と △ADE はともに正三角形であるから，∠ABD＝∠AEF（＝60°）

∠BAD＝60°－∠CAD＝∠EAF

ゆえに，△ABD∽△AEF（2角）　……▶34

(2) $\dfrac{15\sqrt{3}}{16}$ cm

解法 (2) △ABD∽△AEF より，AB：AE＝AD：AF であるから，

8：7＝7：AF　　$AF=\dfrac{49}{8}$　　$CF=AC-AF=8-\dfrac{49}{8}=\dfrac{15}{8}$　……▶3

∠CHF＝90°，∠FCH＝60° であるから，△CFH は CH：CF：FH＝1：2：$\sqrt{3}$ の直角三角形である。　……▶45　ゆえに，$FH=\dfrac{\sqrt{3}}{2}CF=\dfrac{\sqrt{3}}{2}\times\dfrac{15}{8}=\dfrac{15\sqrt{3}}{16}$

> **確認** **内角が 90°，30°，60° の直角三角形の3辺の長さの比**
> 内角が 90°，30°，60° の直角三角形の3辺の長さの比は，
> 1：2：$\sqrt{3}$

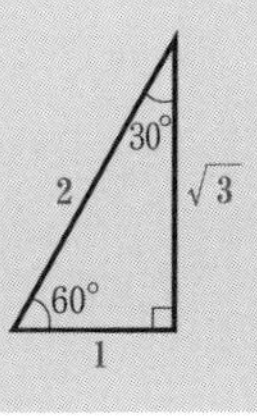

4 ◉空間図形，点の移動と面積，1 次関数，1 次方程式◉

答 (1) $y=-4x+16$　(2)

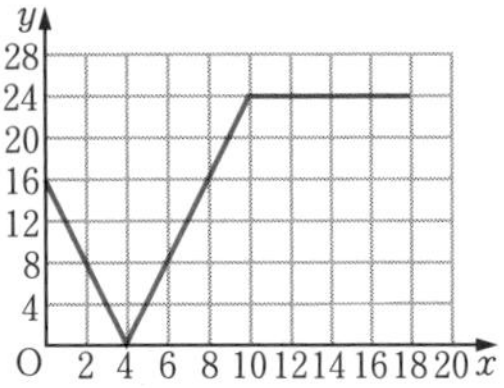

(3) $\frac{3}{2}$ 秒後，$\frac{13}{2}$ 秒後

解法 (1) 点 P が辺 AB 上にあるとき，$0 \leqq x \leqq 4$ である。

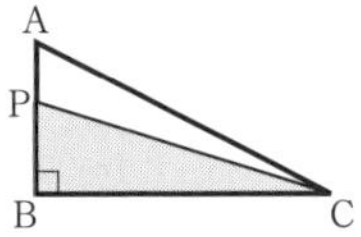

$AP=x$ より，$PB=AB-AP=4-x$

$\angle PBC=90^\circ$ であるから，

$\triangle PBC=\frac{1}{2}\times BC\times PB=\frac{1}{2}\times 8\times(4-x)=-4x+16$

ゆえに，$y=-4x+16$

解法 (2) (i) $0 \leqq x \leqq 4$ のとき，$y=-4x+16$

(ii) 点 P が辺 BE 上にあるとき，$4 \leqq x \leqq 10$ である。

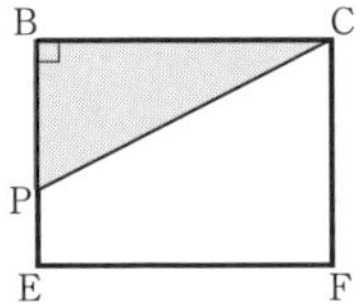

$PB=x-AB=x-4$

$\angle PBC=90^\circ$ であるから，

$\triangle PBC=\frac{1}{2}\times BC\times PB=\frac{1}{2}\times 8\times(x-4)=4x-16$

ゆえに，$y=4x-16$

(iii) 点 P が辺 EF 上にあるとき，$10 \leqq x \leqq 18$ である。

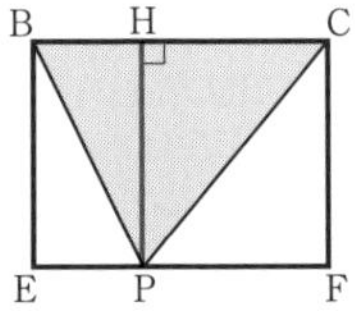

点 P から辺 BC に垂線 PH をひくと，

$PH=AD=6$

$\triangle PBC=\frac{1}{2}\times BC\times PH=\frac{1}{2}\times 8\times 6=24$

ゆえに，$y=24$

解法 (3) (2)のグラフより，$y=10$ となるのは，

$0 \leqq x \leqq 4$ のとき，$-4x+16=10$　　よって，$x=\frac{3}{2}$

$4 \leqq x \leqq 10$ のとき，$4x-16=10$　　よって，$x=\frac{13}{2}$

ゆえに，$x=\frac{3}{2}$，$\frac{13}{2}$

5 ◉立体の表面積と体積，三平方の定理◉

答 (1) 5cm (2) 30πcm^3 (3) 33πcm^2

解法 (1) △ABO で，∠AOB＝90° であるから，$AB=\sqrt{OA^2+OB^2}=\sqrt{4^2+3^2}=5$ ……▶44

解法 (2) 円すいの体積は，$\frac{1}{3}\times\pi\times3^2\times4=12\pi$ ……▶20

球の体積の半分は，$\frac{1}{2}\times\left(\frac{4}{3}\times\pi\times3^3\right)=18\pi$ ……▶21

ゆえに，求める立体の体積は，$12\pi+18\pi=30\pi$

解法 (3) 円すいの側面積は，$\pi\times5^2\times\frac{2\pi\times3}{2\pi\times5}=15\pi$

球の表面積の半分は，$\frac{1}{2}\times(4\times\pi\times3^2)=18\pi$

ゆえに，求める立体の表面積は，$15\pi+18\pi=33\pi$

確認 円すいの側面積

底面の半径が r，母線の長さが d の円すいの側面積は，

$$\pi d^2\times\frac{2\pi r}{2\pi d}=\pi rd$$

(2)では，$r=3$，$d=5$ より，$\pi\times3\times5=15\pi$ と求めてもよい。

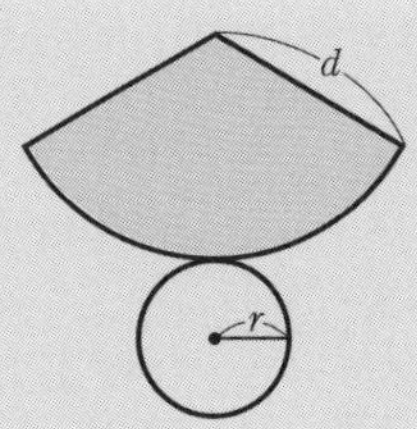

stage 2

1 ◉関数 $y=ax^2$，1次関数，2次方程式◉

答 (1) P(2，2)　(2) $y=-\frac{1}{2}x+8$

解法 点Aのx座標をaとすると，A(a，0)，P$\left(a, \frac{1}{2}a^2\right)$である。

(1) 四角形PBOAは正方形であるから，PA＝OA

よって，$\frac{1}{2}a^2=a$　　$a(a-2)=0$　　$a=0, 2$　　$a>0$ より，$a=2$

ゆえに，P(2，2)

解法 (2) 四角形PACDは正方形であるから，
PA＝AC
(正方形PACD)＝2×(長方形PBOA) より，
AC＝2OA
よって，PA＝2OA

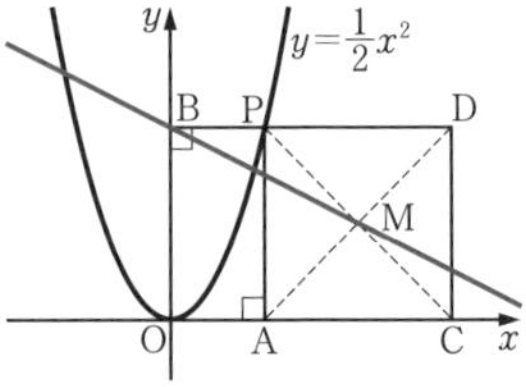

$\frac{1}{2}a^2=2a$　　$a(a-4)=0$　　$a=0, 4$

$a>0$ より，$a=4$

したがって，A(4，0)，P(4，8)，B(0，8)，C(12，0)となる。

正方形PACDの対角線の交点をM(p，q)とすると，Mは対角線PCの中点である。

$p=\frac{4+12}{2}=8$，$q=\frac{8+0}{2}=4$　　よって，M(8，4)

→ 7

点B，Mを通る直線が，正方形PACDの面積を2等分する。

直線BMは傾きが $\frac{4-8}{8-0}=-\frac{1}{2}$，$y$切片が8であるから，

直線BMの式は，$y=-\frac{1}{2}x+8$

確認 点対称な図形の面積の2等分線

点対称な図形では，対称の中心を通る直線は，その図形の面積を2等分する。

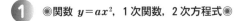

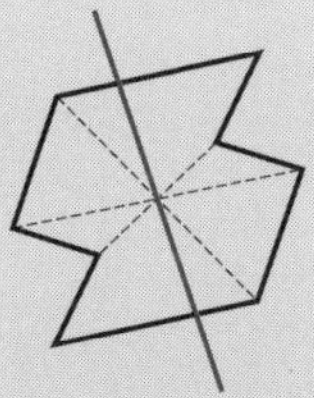

確認 線分ABの中点の座標

A(a，b)，B(c，d)とするとき，線分ABの中点の座標は，

$$\left(\frac{a+c}{2}, \frac{b+d}{2}\right)$$

2 ◉数と式の利用，2 次方程式◉

答 (1) $a_{30}=8372$ (2) $a_n=9n^2+9n+2$ (3) $n=19$

解法 $(1+3)(3+2)$，$(2+5)(4+4)$，$(3+7)(5+6)$，… について，かっこ内の数の規則性を調べると，

1 番目のかっこ内にある前の数は，1，2，3，… と最初の数 1 から 1 ずつ増える。
1 番目のかっこ内にある後の数は，3，5，7，… と最初の数 3 から 2 ずつ増える。
2 番目のかっこ内にある前の数は，3，4，5，… と最初の数 3 から 1 ずつ増える。
2 番目のかっこ内にある後の数は，2，4，6，… と最初の数 2 から 2 ずつ増える。

(1) a_{30} について，
1 番目のかっこ内にある前の数は，$1+1\times29=30$，
後の数は，$3+2\times29=61$
2 番目のかっこ内にある前の数は，$3+1\times29=32$，
後の数は，$2+2\times29=60$
ゆえに，$a_{30}=(30+61)(32+60)=8372$

解法 (2) n 番目の数 a_n について，
1 番目のかっこ内にある前の数は，$1+1\times(n-1)=n$，
後の数は，$3+2\times(n-1)=2n+1$
2 番目のかっこ内にある前の数は，$3+1\times(n-1)=n+2$，
後の数は，$2+2\times(n-1)=2n$
ゆえに，$a_n=\{n+(2n+1)\}\{(n+2)+2n\}=(3n+1)(3n+2)=9n^2+9n+2$

解法 (3) $9n^2+9n+2=3422$　　$n^2+n-380=0$　　$(n+20)(n-19)=0$ ……▶ 4
$n=-20,\ 19$
n は正の整数であるから，$n=19$

確認 **2 次式の因数分解**

$x^2+x-380$ を因数分解するには，因数分解の公式

$$x^2+(a+b)x+ab=(x+a)(x+b)$$

と比較して，

$$a+b=1,\quad ab=-380$$

となる 2 つの数 a，b を見つければよい。
このとき，$ab=-380$ を満たす整数 a，b の組はいくつもあるが，そのうち $a+b=1$ を満たす組は，

$$a=20,\quad b=-19$$

だけである。
したがって，

$$x^2+x-380=(x+20)(x-19)$$

となる。

3 ◉円周角と中心角，相似，三平方の定理，三角形の面積の比◉

答 (1) CD＝$\sqrt{10}$ cm，BE＝$\frac{6\sqrt{5}}{5}$cm　(2) $\frac{24}{5}$cm^2

解法 (1) AB＝6，AD：DB＝2：1 より，AD＝4，DB＝2

△COD で，∠COD＝90°，CO＝AO＝3，OD＝AD－AO＝1 であるから，

CD＝$\sqrt{CO^2+OD^2}=\sqrt{3^2+1^2}=\sqrt{10}$

点 A と C を結ぶ。

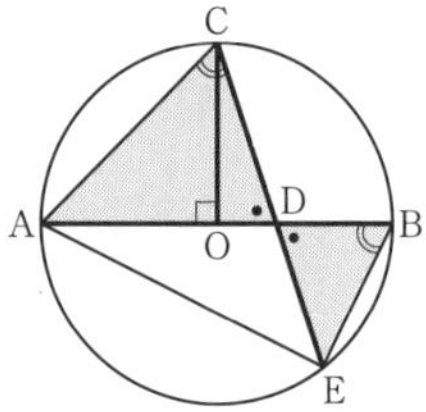

△OAC は直角二等辺三角形であるから，AC＝$\sqrt{2}$AO＝$3\sqrt{2}$ 45

△ACD と △EBD において，

∠ADC＝∠EDB（対頂角）

∠ACD＝∠EBD（$\overset{\frown}{AE}$ に対する円周角） 38

ゆえに，△ACD∽△EBD（2 角）

よって，CD：BD＝AC：EB より，$\sqrt{10}$：2＝$3\sqrt{2}$：EB

ゆえに，BE＝$\frac{6\sqrt{2}}{\sqrt{10}}=\frac{6\sqrt{5}}{5}$

確認 直角二等辺三角形の 3 辺の長さの比

直角二等辺三角形（内角が 90°，45°，45°）の 3 辺の長さの比は，

　　1：1：$\sqrt{2}$

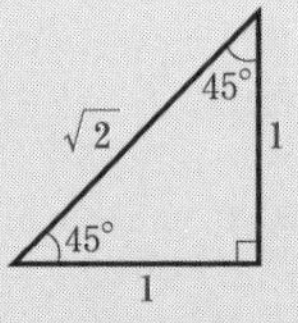

確認 円周角の定理

1 つの弧に対する円周角の大きさは一定であり，その弧に対する中心角の大きさの半分である。

右の図で，∠APB＝∠AQB＝$\frac{1}{2}$∠AOB

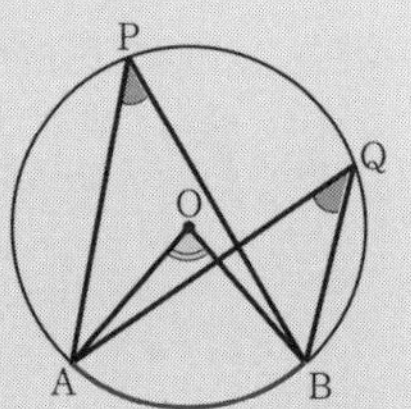

解法 (2) △AEB で，AB は円 O の直径であるから，∠AEB＝90°

よって，AE＝$\sqrt{AB^2-BE^2}=\sqrt{6^2-\left(\frac{6\sqrt{5}}{5}\right)^2}=\frac{12\sqrt{5}}{5}$ 44

△AEB＝$\frac{1}{2}$×AE×BE＝$\frac{1}{2}\times\frac{12\sqrt{5}}{5}\times\frac{6\sqrt{5}}{5}=\frac{36}{5}$

△AEB と △AED は高さが等しいから，△AEB：△AED＝AB：AD＝3：2 30

ゆえに，△AED＝$\frac{2}{3}$△AEB＝$\frac{24}{5}$

確認 半円の弧に対する円周角の大きさ

半円の弧に対する円周角は90°である。

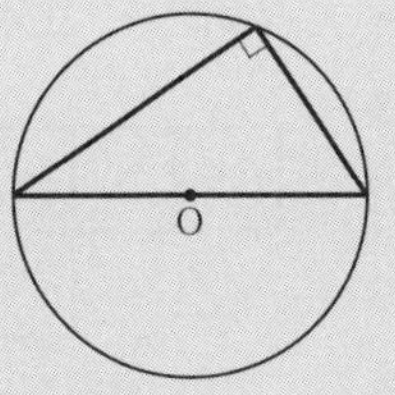

確認 高さが等しい三角形の面積の比

高さが等しい2つの三角形では，面積の比は底辺の長さの比に等しい。

右の図で，△ABC：△ABD＝BC：BD

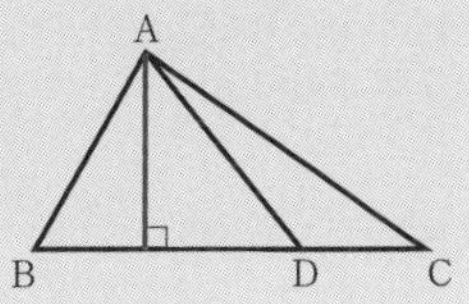

4 ◉確率，1次関数，三平方の定理◉

答 (1) 25通り　(2) $\frac{1}{5}$　(3) $\frac{11}{25}$

解法 (1) 点Pのとり方は，$5\times5=25$（通り）ある。

解法 (2) (1)より，点Pのとり方は全部で25通りあり，どのとり方も同様に確からしい。

$y=x$ 上の点は，(1, 1)，(2, 2)，(3, 3)，(4, 4)，(5, 5) の5通りある。

ゆえに，求める確率は，$\frac{5}{25}=\frac{1}{5}$

……▶18

解法 (3) $OP^2=a^2+b^2$ であるから，

$9\leqq a^2+b^2\leqq 25$ ……①

a，b はともに1から5までの整数である。

$a=1$ のとき，$8\leqq b^2\leqq 24$ より $b=3,\ 4$

$a=2$ のとき，$5\leqq b^2\leqq 21$ より $b=3,\ 4$

$a=3$ のとき，$1\leqq b^2\leqq 16$ より $b=1,\ 2,\ 3,\ 4$

$a=4$ のとき，$1\leqq b^2\leqq 9$ より $b=1,\ 2,\ 3$

$a=5$ のとき，①を満たす b はない。

よって，点Pのとり方は11通りある。

ゆえに，求める確率は $\frac{11}{25}$

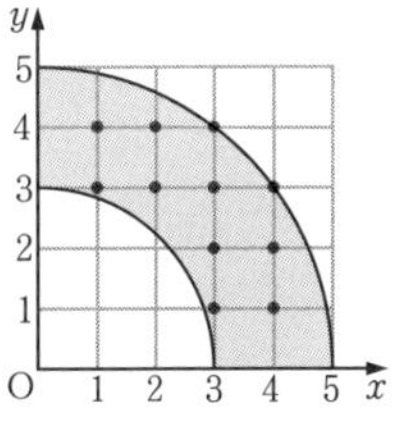

5 ◉空間図形，立体の表面積と体積，三平方の定理◉

答 (1)

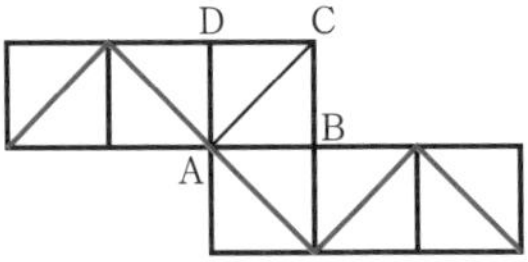

(2) $(24+8\sqrt{3})$ cm^2　(3) 3：1

解法 (1) 図 2 の展開図に頂点の記号を書くと，右の図のようになる。

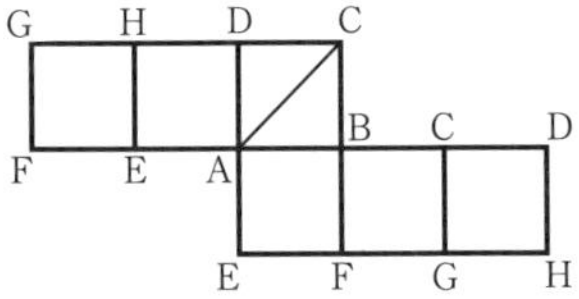

解法 (2) △BAC，△BCF，△BFA は，ともに直角をはさむ 2 辺の長さが 4cm の直角二等辺三角形である。

$\triangle BAC=\dfrac{1}{2}\times4\times4=8$

△AFC は，$AF=\sqrt{2}\,AB=4\sqrt{2}$（cm）の正三角形であるから，

その面積は，$\dfrac{1}{2}\times AF\times\dfrac{\sqrt{3}}{2}AF=8\sqrt{3}$

ゆえに，求める表面積は，$3\times8+8\sqrt{3}=24+8\sqrt{3}$

確認 正三角形の高さ

1 辺の長さが a の正三角形の高さを h とすると，

$$h=\frac{\sqrt{3}}{2}a$$

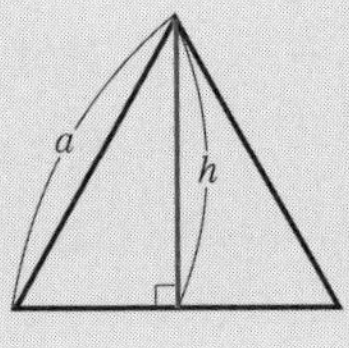

解法 (3) 立方体 ABCD-EFGH の体積は，$4^3=64$

また，四面体 BACF の体積は，$\dfrac{1}{3}\times\left(\dfrac{1}{2}\times4\times4\right)\times4=\dfrac{32}{3}$

4 個の四面体 BACF，DACH，EAFH，GCFH の体積は等しいから，

四面体 AHFC の体積は，$64-4\times\dfrac{32}{3}=\dfrac{64}{3}$

ゆえに，求める体積の比は，$64:\dfrac{64}{3}=3:1$

stage 3

1 ◉連立方程式，整数の性質◉

答 (1) A チームの勝ち点は 18，B チームの勝ち点は 9
(2) 勝った回数は 3 回，引き分けた回数は 2 回
(3) 9，12，15

解法 (1) A チームの勝ち点は，$3\times5+1\times3=18$
B チームの勝ち点は，$3\times2+1\times3=9$

解法 (2) A チームが勝った回数を x 回，引き分けた回数を y 回とする。
A チームの勝ち点は，$3x+y=11$ ……①
B チームの勝ち点は，$3(10-x-y)+y=17$ より，$3x+2y=13$ ……②
①，②を連立させて解くと，$x=3$，$y=2$

解法 (3) A チームが勝った回数を x 回，引き分けた回数を y 回とする。
$3x+y=15$ かつ $0\leqq x+y\leqq10$
$y=3(5-x)$ より y は 3 の倍数であり，$0\leqq x+y\leqq10$ より $0\leqq y\leqq10$ である。
よって，$y=0$，3，6，9
$y=0$ のとき，$x=5$　これらの値は問題に適する。
B チームの勝ち点は，$3(10-5)=15$
$y=3$ のとき，$x=4$　これらの値は問題に適する。
B チームの勝ち点は，$3(10-4-3)+3=12$
$y=6$ のとき，$x=3$　これらの値は問題に適する。
B チームの勝ち点は，$3(10-6-3)+6=9$
$y=9$ のとき，$x=2$　これらの値は問題に適さない。
ゆえに，求める勝ち点は 9，12，15

2 ◉関数 $y=\frac{a}{x}$，関数 $y=ax^2$，1 次関数，等積変形，2 次方程式◉

答 (1) $a=12$　(2) $y=-\frac{1}{2}x-2$　(3) P(2，6)

解法 (1) C(12，1) は $y=\frac{a}{x}$ のグラフ上にあるから，$1=\frac{a}{12}$
ゆえに，$a=12$

解法 (2) $y=-\frac{1}{4}x^2$ に $x=-2$，$x=4$ をそれぞれ代入して，$y=-\frac{1}{4}\times(-2)^2=-1$，
$y=-\frac{1}{4}\times4^2=-4$　よって，A$(-2,\ -1)$，B$(4,\ -4)$
直線 AB の式を $y=px+q$ とおくと，$-1=p\times(-2)+q$，$-4=p\times4+q$
よって，$-2p+q=-1$ ……①，$4p+q=-4$ ……②
①，②を連立させて解くと，$p=-\frac{1}{2}$，$q=-2$
ゆえに，$y=-\frac{1}{2}x-2$

29

解法 (3) 求める点Pは，点Cを通り直線ABに平行な直線と，$y=\frac{12}{x}$ のグラフとの交点である。

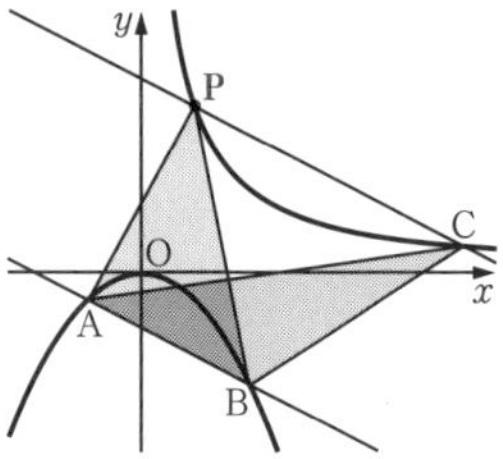

直線ABの傾きは $-\frac{1}{2}$ であるから，直線CPの式は

y 切片を k とすると，$y=-\frac{1}{2}x+k$ と表される。

C(12, 1) より，$1=-\frac{1}{2}\times12+k$　　$k=7$

よって，$y=-\frac{1}{2}x+7$

$y=-\frac{1}{2}x+7$ と $y=\frac{12}{x}$ を連立させて，$-\frac{1}{2}x+7=\frac{12}{x}$　　$x^2-14x+24=0$

$(x-2)(x-12)=0$　　$x=2,\ 12$　　$x\neq12$ より，$x=2$ 6

$y=\frac{12}{x}$ に $x=2$ を代入して，$y=\frac{12}{2}=6$

ゆえに，求める座標はP(2, 6)

確認 **三角形の等積条件**

辺BCを共有する△ABCと△A′BCにおいて，

　　AA′ // BC　ならば　△ABC＝△A′BC

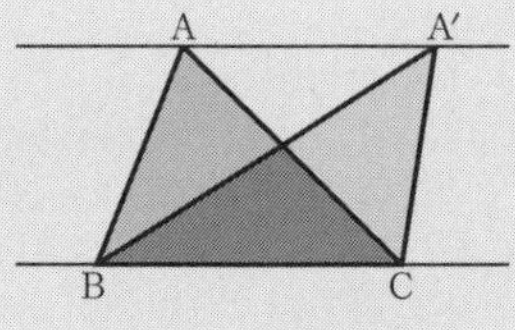

3 ◉場合の数，不等式◉

答 (1) {A, C}，{A, D}，{B, C}，{B, D}，{C, D}，{A, C, D}，{B, C, D}

(2) $x=2,\ 3,\ 4$

解法 (1) AとBの重さの合計は15kgを超えるので，この2つを1組にして台車で運ぶことはできない。

ゆえに，運び方は {A, C}，{A, D}，{B, C}，{B, D}，{C, D}，{A, C, D}，{B, C, D} である。

解法 (2) 3つ以上を選び，重さが15kg以下になりうる運び方は，

{A, C, D} のとき15kg，{A, C, E} のとき $(14+x)$ kg，

{A, D, E} のとき $(11+x)$ kg，{B, C, D} のとき11kg，

{B, C, E} のとき $(10+x)$ kg，{B, D, E} のとき $(7+x)$ kg，

{C, D, E} のとき $(5+x)$ kg，{B, C, D, E} のとき $(11+x)$ kg

の8通りある。

7通りになるのは，$14+x\geqq16$ ……① かつ $11+x\leqq15$ ……② の場合である。

①より，$x\geqq2$　　②より，$x\leqq4$　　よって，$2\leqq x\leqq4$

ゆえに，$x=2,\ 3,\ 4$

4 ◉合同，相似，三平方の定理，平行線と比◉

答 (1) △ABD と △ACE において，
AB＝AC，AD＝AE（ともに仮定）　∠BAD＝90°＋∠CAD＝∠CAE
ゆえに，△ABD≡△ACE（2 辺夾角）

……▶27

(2) (i) $\sqrt{13}$ cm　(ii) $\frac{13}{3}$cm

解法 (2) (i) 点 A から辺 BC に垂線 AH をひく。
△ABC は AB＝AC の直角二等辺三角形であるから，

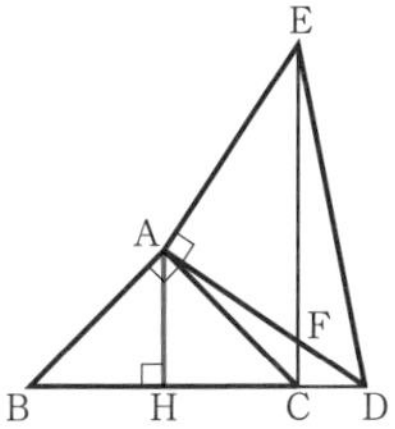

$BH=CH=\frac{1}{2}BC=2$　よって，$AH=2$

△AHD で，∠AHD＝90°，DH＝CH＋CD＝2＋1＝3 であるから，$AD=\sqrt{AH^2+DH^2}=\sqrt{2^2+3^2}=\sqrt{13}$

(ii) △CDF と △AEF において，
(1)より，∠CDF＝∠AEF　∠CFD＝∠AFE（対頂角）
ゆえに，△CDF∽△AEF（2 角）
よって，∠FCD＝∠FAE＝90°
ゆえに，AH // FC より，AF：AD＝HC：HD＝2：3

……▶32

$AD=\sqrt{13}$ であるから，$AF:\sqrt{13}=2:3$　$AF=\frac{2\sqrt{13}}{3}$

△AEF で，∠EAF＝90°，$AE=AD=\sqrt{13}$ であるから，

$EF=\sqrt{AE^2+AF^2}=\sqrt{(\sqrt{13})^2+\left(\frac{2\sqrt{13}}{3}\right)^2}=\frac{13}{3}$

5 ◉立体の表面積と体積，相似，三平方の定理◉

答 (1) $\frac{4\sqrt{3}}{3}$cm³　(2) 2cm²　(3) $\frac{8\sqrt{5}}{5}$cm

解法 (1)（正四角すい O-ABCD の体積）$=\frac{1}{3}\times2^2\times\sqrt{3}=\frac{4\sqrt{3}}{3}$

解法 (2) 点 O から底面 ABCD に垂線 OH をひくと，点 H は対角線 AC と BD との交点と一致する。

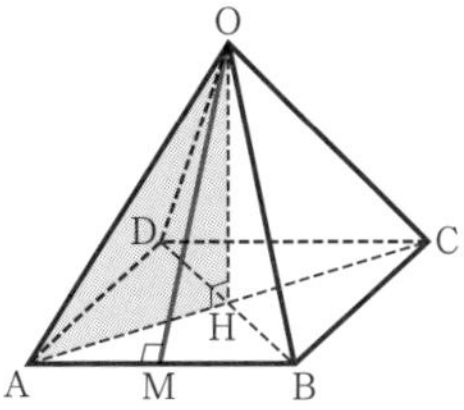

$AC=\sqrt{2}AB=2\sqrt{2}$ より，$AH=\frac{1}{2}AC=\sqrt{2}$

△OAH で，∠OHA＝90°，$OH=\sqrt{3}$ であるから，
$OA=\sqrt{AH^2+OH^2}=\sqrt{(\sqrt{2})^2+(\sqrt{3})^2}=\sqrt{5}$
辺 AB の中点を M とすると，OA＝OB より，

∠OMA＝90°，$AM=BM=\frac{1}{2}AB=1$

よって，△OMA で，$OM=\sqrt{OA^2-AM^2}=\sqrt{(\sqrt{5})^2-1^2}=2$

ゆえに，$\triangle OAB=\frac{1}{2}\times AB\times OM=2$

解法 (3) 右の図のように，正四角すいの展開図の一部をかくと，線分 AC と辺 OB との交点 P が，AP＋PC が最小になる点である。

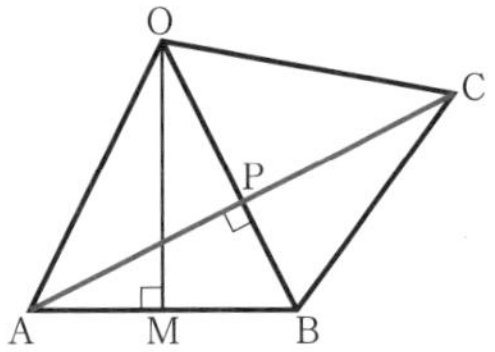

AB＝BC，∠ABP＝∠CBP より，AC⊥OB，AP＝CP

△OBM と △ABP において，　　＊
∠B は共通　　∠OMB＝∠APB（＝90°）
ゆえに，△OBM∽△ABP（2 角）
よって，OB：AB＝OM：AP より，
$\sqrt{5}：2＝2：AP$
$AP=\dfrac{4}{\sqrt{5}}=\dfrac{4\sqrt{5}}{5}$
ゆえに，$AP+PC=AC=2AP=\dfrac{8\sqrt{5}}{5}$

確認 最短の長さ

正四角すい O-ABCD で，点 P が辺 OB 上を動くとき，AP＋PC が最小になる点を求めるには，正四角すいの展開図を考える。
右の図のように，正四角すいの展開図の一部をかく。
△APC で，AC≦AP＋PC であるから，AP＋PC が最小になる点は，線分 AC と辺 OB との交点である。

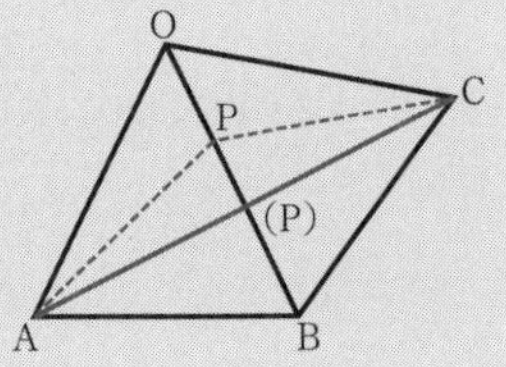

別解 (3) ＊部分は，次のように求めてもよい。

BP＝x とすると，OP＝$\sqrt{5}-x$
△APO で，∠APO＝90°，AO＝$\sqrt{5}$ であるから，
$AP^2=AO^2-OP^2=(\sqrt{5})^2-(\sqrt{5}-x)^2=2\sqrt{5}x-x^2$
△APB で，∠APB＝90° であるから，$AP^2=AB^2-BP^2=2^2-x^2=4-x^2$
よって，$2\sqrt{5}x-x^2=4-x^2$　　$x=\dfrac{2\sqrt{5}}{5}$
$AP=\sqrt{4-\left(\dfrac{2\sqrt{5}}{5}\right)^2}=\dfrac{4\sqrt{5}}{5}$
ゆえに，$AP+PC=AC=2AP=\dfrac{8\sqrt{5}}{5}$

別解 (3) ＊部分は，次のように求めてもよい。

$\triangle OAB=\dfrac{1}{2}\times OB\times AP=\dfrac{1}{2}\times\sqrt{5}\times AP=\dfrac{\sqrt{5}}{2}AP$
△OAB＝2 であるから，$\dfrac{\sqrt{5}}{2}AP=2$　　よって，$AP=\dfrac{4}{\sqrt{5}}=\dfrac{4\sqrt{5}}{5}$
ゆえに，$AP+PC=AC=2AP=\dfrac{8\sqrt{5}}{5}$

stage 4

1 ◉相似，三角形の面積の比◉

答 (1) △ACD と △ABE において，
∠A は共通
∠BDC＝∠BEC（仮定）より，∠ADC＝180°－∠BDC＝180°－∠BEC＝∠AEB
ゆえに，△ACD∽△ABE（2角）
(2) 12cm　(3) 20：3

解法 (2) △ACD∽△ABE であるから，AC：AB＝AD：AE より，16：AB＝8：10
AB＝20
ゆえに，BD＝AB－AD＝20－8＝12

別解 (2) ∠BDC＝∠BEC であるから，円周角の定理の逆より，4点B，C，E，D は同一円周上にある。
△ADE と △ACB において，
∠A は共通
四角形 BCED は円に内接するから，∠ADE＝∠ACB
ゆえに，△ADE∽△ACB（2角）
よって，AD：AC＝AE：AB より，8：16＝10：AB
AB＝20
ゆえに，BD＝AB－AD＝20－8＝12

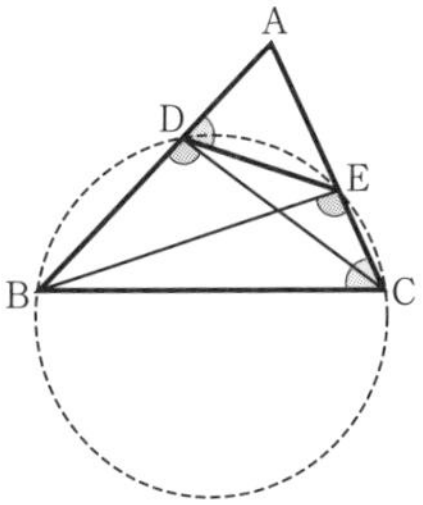

……▶38
……▶40

確認 円周角の定理の逆
2点C，P が直線 AB について同じ側にあるとき，
∠APB＝∠ACB ならば，4点A，B，C，P は同一円周上にある。

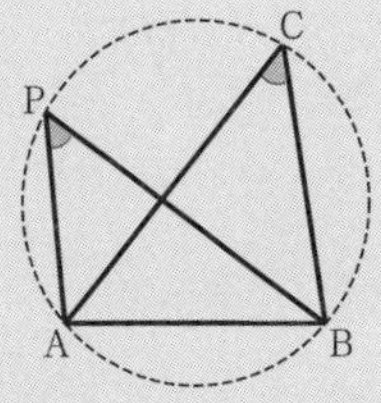

研究 (2) ∠BDC＝∠BEC であるから，円周角の定理の逆より，4点B，C，E，D は同一円周上にある。
方べきの定理より，AB×AD＝AC×AE
AB×8＝16×10　　AB＝20
ゆえに，BD＝AB－AD＝20－8＝12

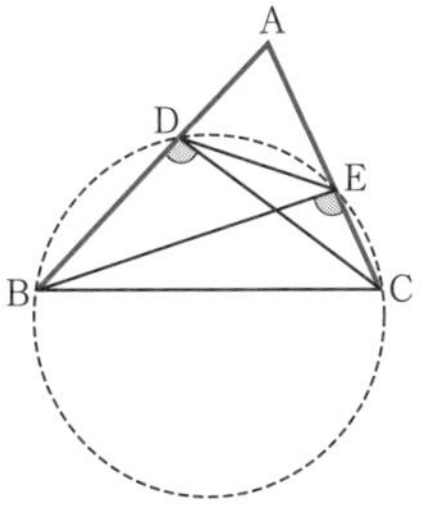

……▶47

解法 (3) △ABC と △ADC は高さが等しいから，
△ABC：△ADC＝AB：AD＝20：8＝5：2

よって，$\triangle ADC=\dfrac{2}{5}\triangle ABC$ ……①

同様に，CE＝AC－AE＝16－10＝6 より，
△ADC：△CDE＝AC：CE＝16：6＝8：3

よって，$\triangle CDE=\dfrac{3}{8}\triangle ADC$ ……②

①，②より，$\triangle CDE=\frac{3}{8}\times\frac{2}{5}\triangle ABC=\frac{3}{20}\triangle ABC$

ゆえに，$\triangle ABC:\triangle CDE=20:3$

2 ◉関数 $y=ax^2$，1次関数，三平方の定理◉

答 (1) $y=\frac{1}{2}x+3$　(2) $5\,\text{cm}^2$　(3) $\frac{4\sqrt{5}}{5}\,\text{cm}$

解法 (1) $y=\frac{1}{2}x^2$ に $x=-2$，$x=3$ をそれぞれ代入して，$y=\frac{1}{2}\times(-2)^2=2$，

$y=\frac{1}{2}\times3^2=\frac{9}{2}$　　よって，A$(-2,\ 2)$，B$\left(3,\ \frac{9}{2}\right)$

直線 ℓ の式を $y=ax+b$ とおくと，$2=a\times(-2)+b$，$\frac{9}{2}=a\times3+b$

よって，$-2a+b=2$ ……①，$3a+b=\frac{9}{2}$ ……②

①，②を連立させて解くと，$a=\frac{1}{2}$，$b=3$

ゆえに，$y=\frac{1}{2}x+3$

解法 (2) $y=\frac{1}{2}x^2$ に $y=2$ を代入して，$2=\frac{1}{2}x^2$　　$x^2=4$

$x=\pm2$　　$x\neq-2$ より，$x=2$　　よって，P$(2,\ 2)$

AP$=2-(-2)=4$

△APB で，AP を底辺と考えると，高さは点 B の y 座標と点 A の y 座標の差であるから，$\frac{9}{2}-2=\frac{5}{2}$

ゆえに，$\triangle APB=\frac{1}{2}\times AP\times\frac{5}{2}=5$

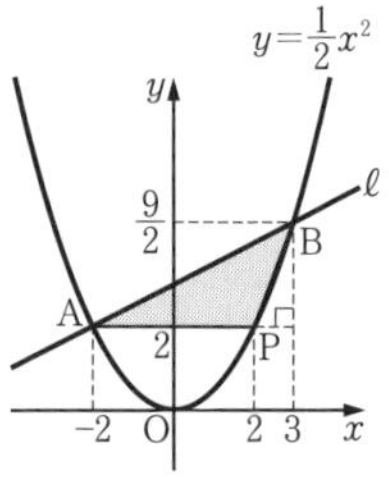

解法 (3) A$(-2,\ 2)$，B$\left(3,\ \frac{9}{2}\right)$ より，

$AB=\sqrt{\{3-(-2)\}^2+\left(\frac{9}{2}-2\right)^2}=\frac{5\sqrt{5}}{2}$

……▶ 7

点 P から直線 ℓ にひいた垂線の長さを h とすると，$\triangle APB=\frac{1}{2}\times AB\times h=\frac{5\sqrt{5}}{4}h$

$\triangle APB=5$ であるから，$\frac{5\sqrt{5}}{4}h=5$

ゆえに，$h=\frac{20}{5\sqrt{5}}=\frac{4\sqrt{5}}{5}$

確認 2点間の距離

2点 $(a,\ b)$，$(c,\ d)$ 間の距離は，

$\sqrt{(c-a)^2+(d-b)^2}$

3 ◉立体の体積，三平方の定理◉

答 (1) $\dfrac{\sqrt{39}}{2}$cm (2) $\dfrac{3\sqrt{30}}{4}$cm^2 (3) $\dfrac{5\sqrt{30}}{4}$cm^3

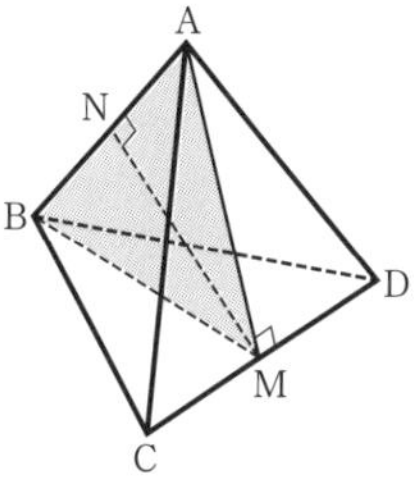

解法 (1) △ACD は AC＝AD の二等辺三角形で，M は辺 CD の中点であるから，AM⊥CD

△ACM で，∠AMC＝90°，CM＝$\dfrac{1}{2}$CD＝$\dfrac{5}{2}$ であるから，

$$AM=\sqrt{AC^2-CM^2}=\sqrt{4^2-\left(\frac{5}{2}\right)^2}=\frac{\sqrt{39}}{2}$$

解法 (2) (1)と同様に，△BCM で，

$$BM=\sqrt{BC^2-CM^2}=\sqrt{4^2-\left(\frac{5}{2}\right)^2}=\frac{\sqrt{39}}{2}$$

ゆえに，AM＝BM より，△MAB は二等辺三角形である。
よって，辺 AB の中点を N とすると，MN⊥AB

△AMN で，∠ANM＝90°，AM＝$\dfrac{\sqrt{39}}{2}$，AN＝$\dfrac{1}{2}$AB＝$\dfrac{3}{2}$ であるから，

$$MN=\sqrt{AM^2-AN^2}=\sqrt{\left(\frac{\sqrt{39}}{2}\right)^2-\left(\frac{3}{2}\right)^2}=\frac{\sqrt{30}}{2}$$

ゆえに，△ABM＝$\dfrac{1}{2}$×AB×MN＝$\dfrac{3\sqrt{30}}{4}$

解法 (3) AM⊥CD，BM⊥CD であるから，△ABM⊥CD

……▶24

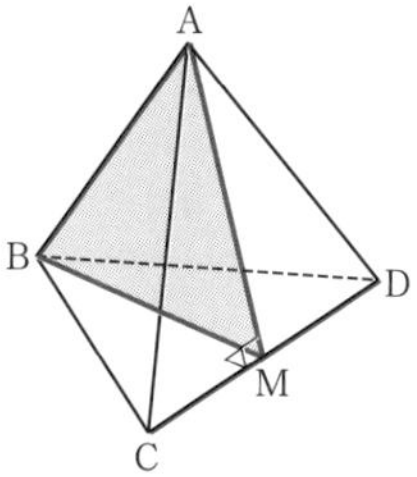

CM＝DM より，
(四面体 ABCD の体積)
＝(四面体 CABM の体積)＋(四面体 DABM の体積)

$$=\frac{1}{3}\times\triangle ABM\times CM+\frac{1}{3}\times\triangle ABM\times DM$$

$$=2\times\left(\frac{1}{3}\times\triangle ABM\times CM\right)$$

$$=2\times\frac{1}{3}\times\frac{3\sqrt{30}}{4}\times\frac{5}{2}=\frac{5\sqrt{30}}{4}$$

確認 直線と平面の垂直

直線 ℓ と平面 P が交わっているとき，その交点を通る平面 P 上の 2 つの直線 m，n と ℓ が垂直ならば，直線 ℓ と平面 P は垂直である。
右の図で，$\ell\perp m$，$\ell\perp n$ ならば $\ell\perp$P

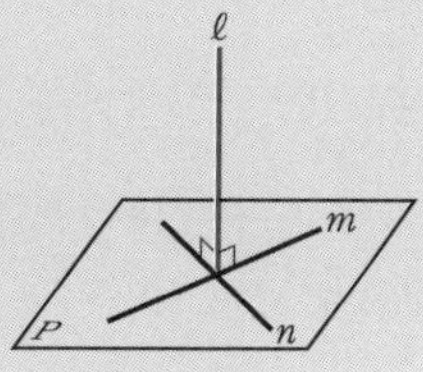

4 ◉2次方程式◉

答 (1) (t^2+t) 枚　(2) 30 枚

解法 (1) 1回目の終了後，A さんはカードを t 枚もっている。
2回目に A さんは B さんから t^2 枚のカードを渡されるから，(t^2+t) 枚になる。

解法 (2) 2回目の終了後，A さんはカードを 12 枚もっているから，
$t^2+t=12$　　$t^2+t-12=0$　　$(t+4)(t-3)=0$　　$t=-4,\ 3$
t は正の整数であるから，$t=3$
A さんと B さんのカードの枚数の合計は，
$12+27=39$ (枚)
したがって，1回目の終了後，A さんは 3 枚のカードをもっているから，B さんがもっているカードの枚数は，
$39-3=36$ (枚)
よって，B さんが最初にもっていたカードの枚数は，
$36\div(1+3)=9$ (枚)
ゆえに，A さんが最初にもっていたカードの枚数は，
$39-9=30$ (枚)

5 ◉点の移動と面積，2次方程式◉

答 (1) $0<x<7$　(2) $(x+2)$ cm　(3) $x=4$

解法 (1) $\mathrm{EA}=x$，$\mathrm{AB}=2$ より，$\mathrm{EB}=\mathrm{EA}+\mathrm{AB}=x+2$
点 F が B に重なるとき，$\mathrm{EB}=\mathrm{EF}$ より，$x+2=9$　　よって，$x=7$
点 E が A と，点 F が B と，それぞれ重ならないときを考えるから，x の変域は
$0<x<7$

解法 (2) $\triangle\mathrm{EBQ}$ は $\mathrm{EB}=\mathrm{BQ}$ の直角二等辺三角形であるから，
$\mathrm{EB}=x+2$ より，$\mathrm{BQ}=x+2$

解法 (3) $\triangle\mathrm{EAP}$ は $\mathrm{EA}=\mathrm{AP}$ の直角二等辺三角形であるから，$\mathrm{EA}=x$ より，$\triangle\mathrm{EAP}=\dfrac{1}{2}x^2$

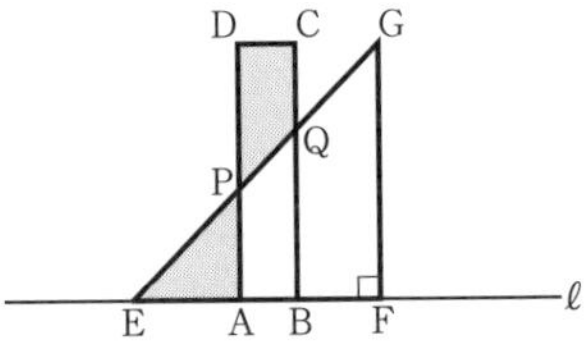

$\mathrm{CQ}=\mathrm{CB}-\mathrm{BQ}=9-(x+2)=7-x$，
$\mathrm{DP}=\mathrm{DA}-\mathrm{AP}=9-x$，$\mathrm{CD}=2$ より，

$$(\text{台形 CDPQ})=\frac{1}{2}\times(\mathrm{CQ}+\mathrm{DP})\times\mathrm{CD}$$
$$=\frac{1}{2}\times\{(7-x)+(9-x)\}\times 2=16-2x$$

よって，$\dfrac{1}{2}x^2=16-2x$　　$x^2+4x-32=0$　　$(x+8)(x-4)=0$　　$x=-8,\ 4$

$0<x<7$ より，$x=4$

stage 5

1 ◉関数 $y=ax^2$，1次関数◉

答 (1) 9　(2) $y=-\frac{1}{2}x+3$　(3) $10\,\text{cm}^2$

解法 (1) 直線 ℓ は傾きが 2，y 切片が 3 であるから，直線 ℓ の式は，$y=2x+3$
点 A の x 座標は 3 であるから，$y=2\times3+3=9$
ゆえに，点 A の y 座標は 9

解法 (2) A(3，9) は $y=ax^2$ のグラフ上にあるから，$9=a\times3^2$　　$a=1$
よって，$y=x^2$
点 C の y 座標は 4 であるから，$4=x^2$　　$x=\pm2$
点 C の x 座標は負であるから，$x=-2$　　よって，C(−2，4)
直線 m は，傾きが $\frac{4-3}{-2-0}=-\frac{1}{2}$，$y$ 切片が 3 であるから，
直線 m の式は，$y=-\frac{1}{2}x+3$

解法 (3) 右の図のような長方形 AEFG をつくる。

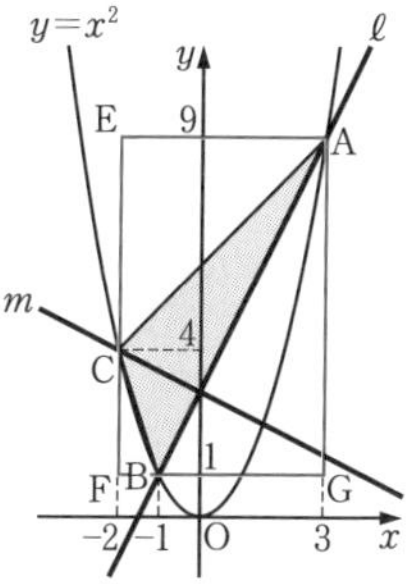

$AE=3-(-2)=5$，$AG=9-1=8$ より，
(長方形 AEFG)$=AE\times AG=40$
$EC=9-4=5$ より，
$\triangle AEC=\frac{1}{2}\times EC\times AE=\frac{25}{2}$
点 B は直線 ℓ 上にあるから，$1=2x+3$　　$x=-1$
よって，B(−1，1)
$FB=-1-(-2)=1$，$CF=4-1=3$ より，
$\triangle CFB=\frac{1}{2}\times FB\times CF=\frac{3}{2}$
$BG=3-(-1)=4$ より，$\triangle ABG=\frac{1}{2}\times BG\times AG=16$
ゆえに，$\triangle ABC=$(長方形 AEFG)$-(\triangle AEC+\triangle CFB+\triangle ABG)$
$=40-\left(\frac{25}{2}+\frac{3}{2}+16\right)=10$

別解 (3) C(−2，4) を通り x 軸に平行な直線をひき，直線 ℓ との交点を H とすると，H の y 座標は 4 であるから，
$4=2x+3$　　$x=\frac{1}{2}$　　よって，$H\left(\frac{1}{2},\ 4\right)$

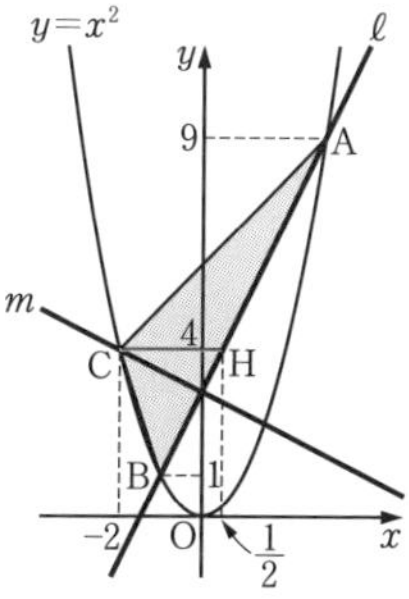

$CH=\frac{1}{2}-(-2)=\frac{5}{2}$
$\triangle ABC=\triangle ACH+\triangle BCH$
$\triangle ACH$ と $\triangle BCH$ で，CH を底辺と考えると，高さの和は $9-1=8$ であるから，
$\triangle ABC=\frac{1}{2}\times CH\times8=10$

研究 (3) 直線 ℓ の傾きが 2 であり，直線 m の傾きが $-\dfrac{1}{2}$

であるから，$2\times\left(-\dfrac{1}{2}\right)=-1$

よって，2 直線 ℓ，m は，点 D で垂直に交わる。

A(3，9)，B(−1，1)，C(−2，4)，D(0，3) より，

$AB=\sqrt{(-1-3)^2+(1-9)^2}=4\sqrt{5}$

$CD=\sqrt{\{0-(-2)\}^2+(3-4)^2}=\sqrt{5}$

ゆえに，$\triangle ABC=\dfrac{1}{2}\times AB\times CD=10$

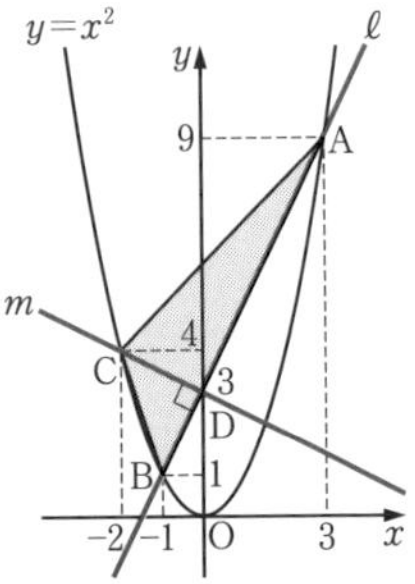

……▶11

確認 2 直線が垂直に交わる条件

2 直線を $y=ax+b$，$y=a'x+b'$ とする。

$a\times a'=-1$ ならば，2 直線は垂直に交わる。

逆に，2 直線が垂直に交わるならば，$a\times a'=-1$ である。

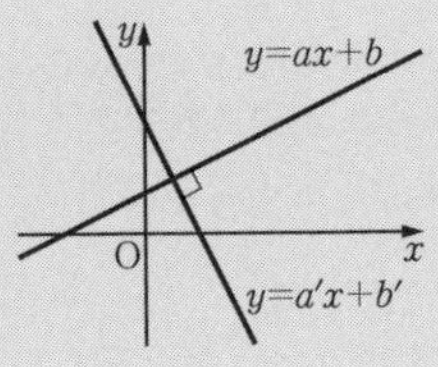

2 ◉円周角と中心角◉

答 (1) 70°

(2) △ABC と △ABD は直線 AB について線対称であるから，

BC＝BD ……①，∠ACB＝∠ADB ……②

また，∠ACB＝∠AEB（$\overset{\frown}{AB}$ に対する円周角）……③

△BED で，

②，③より，∠AEB＝∠ADB であるから，BE＝BD ……④

ゆえに，①，④より，BC＝BE

解法 (1) △ABF で，

∠ABF＋∠BAF＝∠AFE より，30°＋∠BAF＝100°

ゆえに，∠BAF＝70°

別解 (2) 点 C と E を結ぶ。

四角形 ABCE は円に内接するから，∠BCE＝∠BAD

∠BEC＝∠BAC（$\overset{\frown}{BC}$ に対する円周角）

△ABD と △ABC は直線 AB について線対称であるから，∠BAD＝∠BAC

よって，△BCE で，∠BCE＝∠BEC

ゆえに，BC＝BE

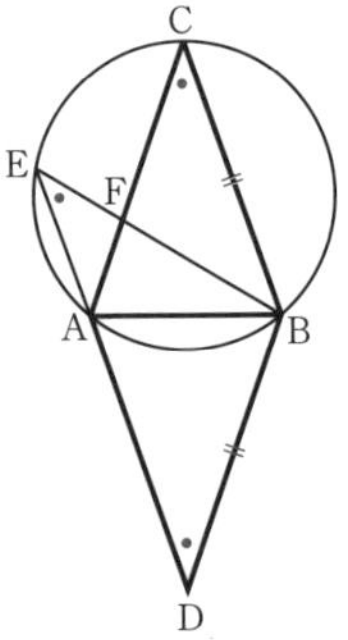

……▶40

3 ◉確率，2 次方程式◉

答 (1) $\dfrac{1}{9}$　(2) $\dfrac{7}{36}$

解法 2 つのさいころを同時に投げるとき，目の出方は全部で 6×6＝36 (通り) あり，どの出方も同様に確からしい。

(1) 目の和が5になるAの目とBの目の出方は，1と4，2と3，3と2，4と1の4通りある。

ゆえに，目の和が5になる確率は，$\frac{4}{36}=\frac{1}{9}$

解法 (2) 2次方程式 $x^2+ax+b=0$ の整数の解を，$x=-p$，$-q$ とすると，
$x^2+ax+b=0$ は $(x+p)(x+q)=0$ と表すことができる。
$(x+p)(x+q)=x^2+(p+q)x+pq$ より，$p+q=a$，$pq=b$ となる。
a，b はともに1，2，3，4，5，6のいずれかであるから，p，q は正の整数である。
$b=1$ のとき，$b=1\times1$ より，p，q の組は1と1　よって，$a=1+1=2$
$b=2$ のとき，$b=1\times2$ より，p，q の組は1と2　よって，$a=1+2=3$
$b=3$ のとき，$b=1\times3$ より，p，q の組は1と3　よって，$a=1+3=4$
$b=4$ のとき，$b=1\times4$ または $b=2\times2$ である。
　$b=1\times4$ より，p，q の組は1と4　よって，$a=1+4=5$
　$b=2\times2$ より，p，q の組は2と2　よって，$a=2+2=4$
$b=5$ のとき，$b=1\times5$ より，p，q の組は1と5　よって，$a=1+5=6$
$b=6$ のとき，$b=1\times6$ または $b=2\times3$ である。
　$b=1\times6$ より，p，q の組は1と6　よって，$a=1+6=7$　この値は問題に適さない。
　$b=2\times3$ より，p，q の組は2と3　よって，$a=2+3=5$
したがって，2次方程式の解が整数になるAの目とBの目の出方は，7通りある。

ゆえに，求める確率は $\frac{7}{36}$

4 ◉点の移動と面積，1次関数，1次方程式，平行線と比◉

答 (1) $y=2x$，$0\leqq x\leqq2$　(2)

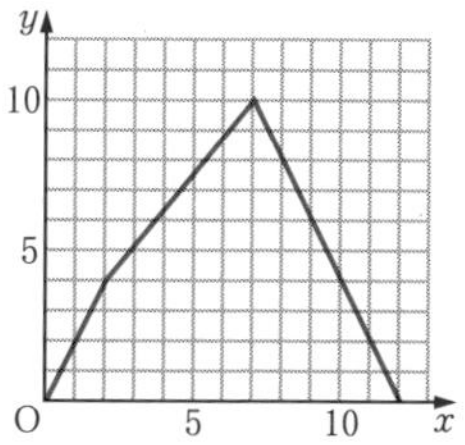

(3) $x=\frac{9}{2}$，$\frac{17}{2}$

解法 (1) 点Pが辺AB上にあるとき，$0\leqq x\leqq2$ である。
AP$=x$ であるから，
$\triangle\text{APD}=\frac{1}{2}\times\text{AD}\times\text{PA}=\frac{1}{2}\times4\times x=2x$
ゆえに，$y=2x$

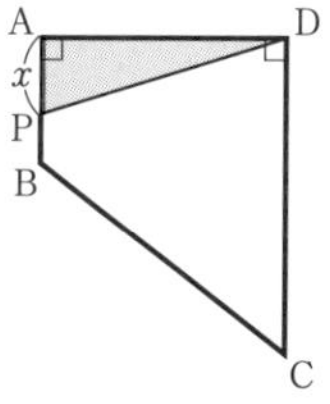

解法 (2)(i) $0\leqq x\leqq2$ のとき，$y=2x$
(ii) 点Pが辺BC上にあるとき，$2\leqq x\leqq7$ である。
点Bから辺CDに垂線BEをひく。
点Pから辺ADに垂線PFをひき，線分BEとの交点をGとする。

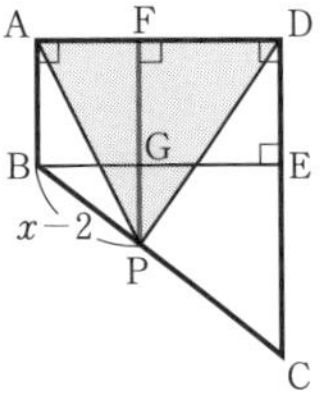

CE // PG より，BC：BP＝CE：PG

BC＝5，BP＝x－AB＝x－2，CE＝CD－DE＝5－2＝3 であるから，

$5:(x-2)=3:\mathrm{PG}$　　$5\mathrm{PG}=3(x-2)$　　$\mathrm{PG}=\dfrac{3}{5}(x-2)$

GF＝AB＝2 より，$\mathrm{PF}=\mathrm{PG}+\mathrm{GF}=\dfrac{3}{5}(x-2)+2=\dfrac{3}{5}x+\dfrac{4}{5}$

よって，$\triangle\mathrm{APD}=\dfrac{1}{2}\times\mathrm{AD}\times\mathrm{PF}=\dfrac{1}{2}\times4\times\left(\dfrac{3}{5}x+\dfrac{4}{5}\right)=\dfrac{6}{5}x+\dfrac{8}{5}$

ゆえに，$y=\dfrac{6}{5}x+\dfrac{8}{5}$

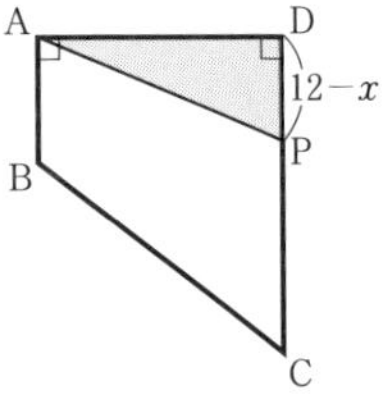

(iii) 点 P が辺 CD 上にあるとき，$7\leqq x\leqq12$ である。

PD＝(AB＋BC＋CD)－x＝(2＋5＋5)－x＝12－x

よって，$\triangle\mathrm{APD}=\dfrac{1}{2}\times\mathrm{AD}\times\mathrm{PD}=\dfrac{1}{2}\times4\times(12-x)=-2x+24$

ゆえに，$y=-2x+24$

確認 高さが変わる三角形

点 P が点 A から点 B，C を通って点 D まで動くとき，△APD で，AD を底辺と考えると，高さは変化する。

(i) 点 P が辺 AB 上のとき

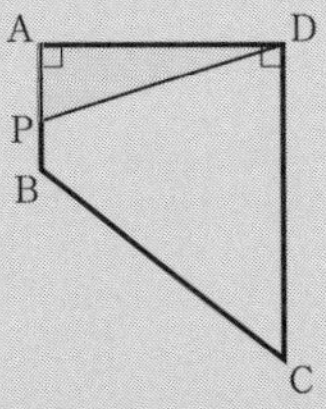

高さは PA であるから，

$\triangle\mathrm{APD}=\dfrac{1}{2}\times\mathrm{AD}\times\mathrm{PA}$

(ii) 点 P が辺 BC 上のとき

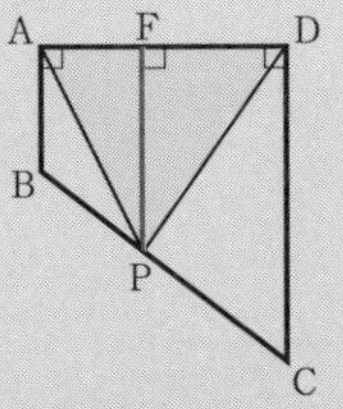

高さは PF であるから，

$\triangle\mathrm{APD}=\dfrac{1}{2}\times\mathrm{AD}\times\mathrm{PF}$

(iii) 点 P が辺 CD 上のとき

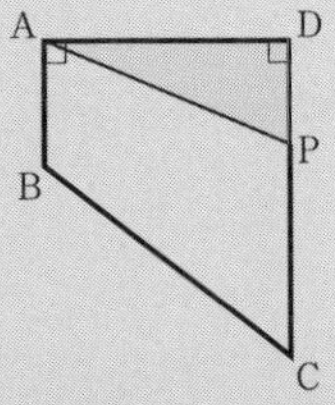

高さは PD であるから，

$\triangle\mathrm{APD}=\dfrac{1}{2}\times\mathrm{AD}\times\mathrm{PD}$

解法 (3) $(\text{台形 ABCD})=\dfrac{1}{2}\times(\mathrm{AB}+\mathrm{DC})\times\mathrm{AD}=14$

$\triangle\mathrm{APD}=\dfrac{1}{2}\times(\text{台形 ABCD})=7$

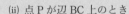

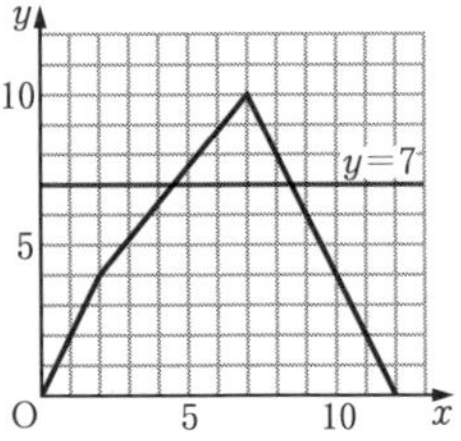

よって，(2)のグラフより，$y=7$ となるのは，

$2\leqq x\leqq7$ のとき，$\dfrac{6}{5}x+\dfrac{8}{5}=7$　　よって，$x=\dfrac{9}{2}$

$7\leqq x\leqq12$ のとき，$-2x+24=7$　　よって，$x=\dfrac{17}{2}$

ゆえに，$x=\dfrac{9}{2}$，$\dfrac{17}{2}$

5 ◉空間図形，三平方の定理◉

答 (1) 辺 AB，BC，BE，DE　(2) 180°　(3) $\frac{6\sqrt{13}}{13}$cm

解法 (1) 線分と辺の位置関係は，線分をふくむ直線と辺をふくむ直線の位置関係で考えるから，線分 GF とねじれの位置にあるのは，辺 AB，BC，BE，DE である。 ……▶23

確認 **ねじれの位置にある辺**

右の図のように，同一平面上にない 2 つの直線 ℓ と m は平行ではなく，交わることもない。このとき，直線 ℓ と m はねじれの位置にあるという。
また，辺と辺の位置関係は，それぞれの辺をふくむ直線と直線の位置関係で考える。

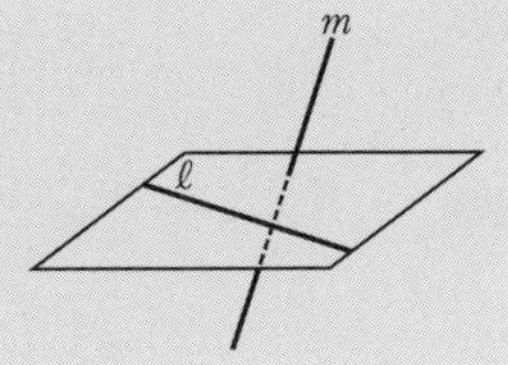

解法 (2) 右の図のように，三角柱の展開図の一部をかく。
右の図の四角形 BEFC は長方形で，A，D は辺 BC，EF の中点であるから，対角線 BF と線分 AD は BF の中点で交わる。
また，BG＝FG であるから，対角線 BF と線分 AD は点 G で交わる。
ゆえに，3 点 B，G，F は一直線上にあるから，
$\angle AGB+\angle AGF=180^\circ$

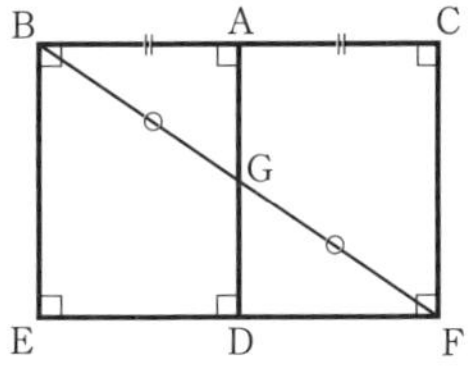

解法 (3) 右の図のように，三角柱の展開図の一部をかき，点 D から対角線 BF に垂線 DH をひく。
点 P は線分 BG，GF 上を点 B から点 F まで動くから，P が B と一致するとき線分 DP の長さは最大になり，P が点 H と一致するとき線分 DP の長さは最小になる。
よって，DB＝5
△BED で，$\angle BED=90^\circ$ であるから，
$ED=\sqrt{DB^2-BE^2}=\sqrt{5^2-4^2}=3$
DF＝ED＝3 より，EF＝ED＋DF＝6
△BEF で，$\angle BEF=90^\circ$ であるから，
$BF=\sqrt{BE^2+EF^2}=\sqrt{4^2+6^2}=2\sqrt{13}$
$\triangle BDF=\frac{1}{2}\times BF\times DH=\sqrt{13}DH$
$\triangle BDF=\frac{1}{2}\times DF\times BE=6$
よって，$\sqrt{13}DH=6$
ゆえに，$DP=DH=\frac{6}{\sqrt{13}}=\frac{6\sqrt{13}}{13}$

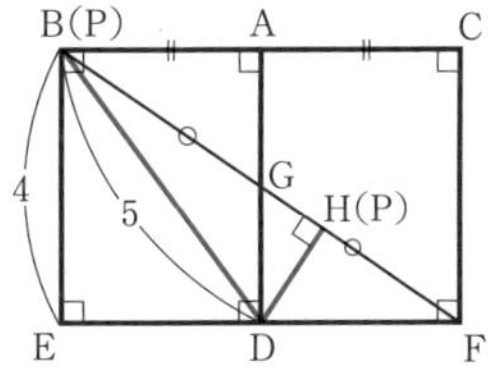

stage 6

1 ◉関数 $y=ax^2$，2 次方程式，三平方の定理◉

答 (1) $a=\frac{1}{3}$ (2) 6cm (3) $(9\sqrt{2}+6)$cm

解法 (1) A$(-3,\ 3)$ は $y=ax^2$ のグラフ上にあるから，$3=a\times(-3)^2$

ゆえに，$a=\frac{1}{3}$

解法 (2) 点 B は $y=\frac{1}{3}x^2$ のグラフ上にあるから，B の x 座標を t とすると，

B$\left(t,\ \frac{1}{3}t^2\right)$ である。

B を中心とする円が y 軸に接するから，円の半径は t であり，その円が直線 $y=6$ にも接するから，円の半径は $\frac{1}{3}t^2-6$ でもある。

よって，$\frac{1}{3}t^2-6=t$　　$t^2-3t-18=0$　　$(t+3)(t-6)=0$　　$t=-3,\ 6$

ゆえに，$t>0$ より，$t=6$

解法 (3) 線分 AP の長さは，AP が円の中心 B を通るとき最大になる。

A$(-3,\ 3)$，B$(6,\ 12)$ より，$\mathrm{AB}=\sqrt{\{6-(-3)\}^2+(12-3)^2}=9\sqrt{2}$

ゆえに，求める線分 AP の長さは，AP＝AB＋(円の半径)$=9\sqrt{2}+6$

確認 **線分 AP の長さ**

円周上の点を P とすると，3 点 A，B，P が一直線上にないときは，三角形の成立条件（→p.37）より，

AB－BP＜AP＜AB＋BP

であり，一直線上にあるときは，

AB－BP＝AP　または　AP＝AB＋BP

である。したがって，3 点 A，B，P について，

AB－BP≦AP≦AB＋BP

となる。

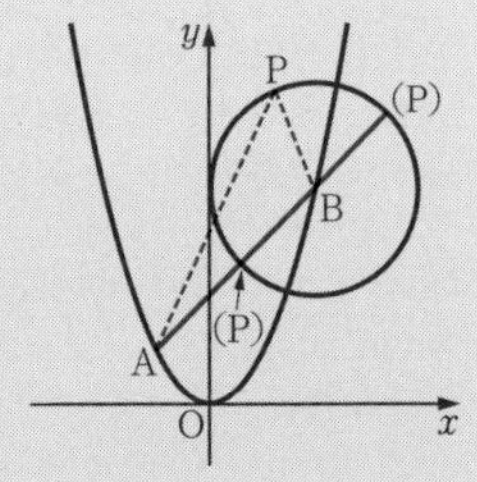

AB＋BP は一定であるから，P が線分 AB の延長と円との交点であるとき，線分 AP は最大になる。

また，AB－BP は一定であるから，P が線分 AB と円との交点であるとき，線分 AP は最小になる。

2 ◉相似，平行線と比，三平方の定理◉

答 (1) △ABH と △EGF において，

EA // BC より，∠ABH＝∠EAF（錯角）

△EGA で，EG＝EA（仮定）より，∠EGF＝∠EAF

よって，∠ABH＝∠EGF ……①

△AHC で，∠AHB＝∠ACD＋∠CAH　　△AEF で，∠EFG＝∠AEF＋∠BAE
また，∠ACD＝∠AEF（平行四辺形の対角）　　∠CAH＝∠BAE（仮定）
よって，∠AHB＝∠EFG ……②
ゆえに，①，②より，△ABH∽△EGF（2 角）
(2) $4\sqrt{17}$ cm
解法 (2) AF＝FG＝x とすると，BF＝16＋x
AE∥DB より，AF：BF＝AE：BD
AE：BD＝9：27＝1：3 であるから，x：(16＋x)＝1：3　　$3x=16+x$　　$x=8$
よって，AF＝8
また，二等辺三角形 EAG で，F は底辺 AG の中点であるから，AG⊥EF
△AEF で，∠AFE＝90° であるから，$EF=\sqrt{AE^2-AF^2}=\sqrt{9^2-8^2}=\sqrt{17}$
AE∥DB より，EF：DF＝AE：BD＝1：3 であるから，$\sqrt{17}$：DF＝1：3
$DF=3\sqrt{17}$
ゆえに，$DE=DF+EF=3\sqrt{17}+\sqrt{17}=4\sqrt{17}$

3 ◉1 次関数，等積変形，平行線と比◉

答 (1) $y=-x+10$　(2) $y=-\frac{5}{4}x+\frac{25}{4}$　(3) 4：21

解法 (1) A(1，5)，C(6，0) より，直線 AC の傾きは，$\frac{0-5}{6-1}=-1$
求める直線は傾きが -1 で B(3，7) を通るから，その式は，$y-7=-(x-3)$ ……▶10
ゆえに，$y=-x+10$
解法 (2) (1)で求めた直線と x 軸との交点を E とする。
$y=-x+10$ に $y=0$ を代入して，
$0=-x+10$　　$x=10$　　よって，E(10，0)
AC∥BE より，△ACB＝△ACE ……▶29
ゆえに，(四角形 OABC)＝△OAC＋△ACB
＝△OAC＋△ACE＝△OAE
線分 OE の中点を M とすると，M(5，0) となり，
直線 AM は △OAE の面積を 2 等分する。

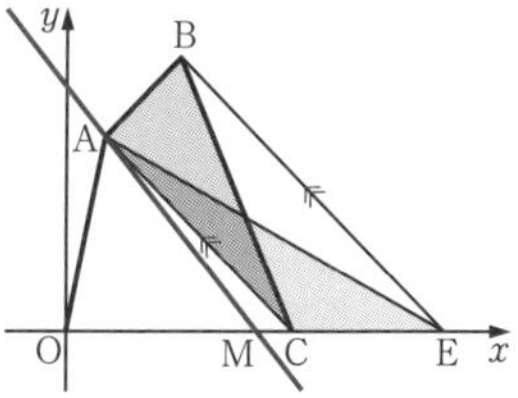

また，点 M は辺 OC 上にあるから，直線 AM は四角形 OABC の面積も 2 等分する。
よって，直線 AM の式は，$y-5=\frac{0-5}{5-1}(x-1)$　　ゆえに，$y=-\frac{5}{4}x+\frac{25}{4}$

確認 2 点を通る直線の式
$x_1\neq x_2$ のとき，2 点 (x_1, y_1)，(x_2, y_2) を通る直線の式は，

$$y-y_1=\frac{y_2-y_1}{x_2-x_1}(x-x_1)$$

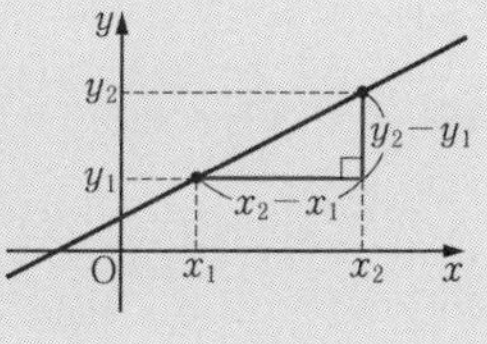

解法 (3) B(3，7) より，直線 OB の式は，$y=\frac{7}{3}x$ ……①
直線 AC は傾きが -1 で C(6，0) を通るから，直線 AC の式は，$y-0=-(x-6)$

よって，$y=-x+6$ ……②

①，②を連立させて解くと，$x=\dfrac{9}{5}$

よって，点Dの x 座標は $\dfrac{9}{5}$

点A，Dから x 軸にそれぞれ垂線AF，DGをひくと，

F(1，0)，G$\left(\dfrac{9}{5}，0\right)$，AF∥DG，C(6，0)より，

AD：DC＝FG：GC＝$\left(\dfrac{9}{5}-1\right)$：$\left(6-\dfrac{9}{5}\right)$＝4：21

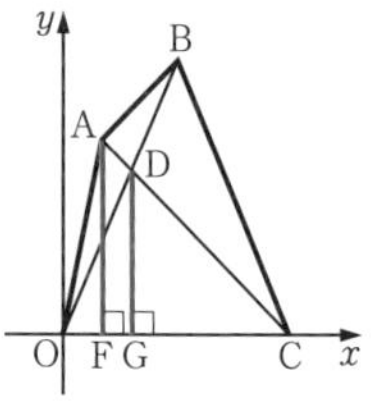

4 ◉連立方程式◉

答 (1) 4kL　(2) $m=5$，$n=10$

解法 (1) A1台で1分間に xkL，B1台で ykLの水をタンクに入れることができるものとする。
A1台とB2台をいっしょに使うと30分で満水になるから，
$30(x+2y)=300$ より，$x+2y=10$ ……①
A3台とB1台をいっしょに使うと20分で満水になるから，
$20(3x+y)=300$ より，$3x+y=15$ ……②
①，②を連立させて解くと，$x=4$，$y=3$

解法 (2) Aを m 台とBを n 台をいっしょに使うと6分で満水になるから，
$6(4m+3n)=300$ より，$4m+3n=50$ ……③
また，ガソリンは57L消費するから，
$6(0.5m+0.7n)=57$ より，$3m+4.2n=57$ ……④
③，④を連立させて解くと，$m=5$，$n=10$

5 ◉関数 $y=\dfrac{a}{x}$，1次関数，平行線と比◉

答 (1) $y=\dfrac{1}{2}x-1$　(2) 3個　(3) $a=\dfrac{8}{5}$

解法 (1) A(0，−1)，B(2，0)を通る直線は，傾きが $\dfrac{0-(-1)}{2-0}=\dfrac{1}{2}$，$y$ 切片が −1 である。

ゆえに，直線ABの式は，$y=\dfrac{1}{2}x-1$

解法 (2) Cは第3象限の点であるから，$\dfrac{6}{x}$ が整数になる x の値は，$x=-1$，−2，−3，−6 の4個ある。点Cは $y=\dfrac{6}{x}$ のグラフ上にあるから，(−1，−6)，(−2，−3)，(−3，−2)，(−6，−1)である。
(−6，−1)のとき，直線ACは x 軸と平行になり，x 軸上の点Bを通らないから，(−6，−1)は問題に適さない。
ゆえに，求める a の値は3個ある。

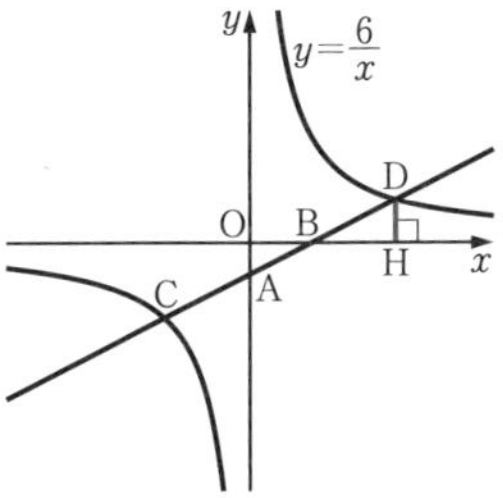

解法 (3) 点Dからx軸に垂線DHをひく。
OA // DH より，OB：HB＝AB：DB＝2：3
OB＝a であるから，

a：HB＝2：3　　2HB＝$3a$　　HB＝$\frac{3}{2}a$

OH＝OB＋BH＝$a+\frac{3}{2}a=\frac{5}{2}a$ ……①

また，OA // DH より，OA：HD＝AB：DB＝2：3
OA＝1 であるから，

1：HD＝2：3　　HD＝$\frac{3}{2}$ ……②

①，②より，D$\left(\frac{5}{2}a,\ \frac{3}{2}\right)$

点Dは $y=\frac{6}{x}$ のグラフ上にあるから，$\frac{3}{2}=\frac{6}{\frac{5}{2}a}$　　$\frac{3}{2}\times\frac{5}{2}a=6$　　ゆえに，$a=\frac{8}{5}$

6 ◉空間図形，回転体の表面積と体積，三平方の定理◉

答 (1) $2\sqrt{3}$ cm　(2)(i) $\frac{4\sqrt{3}}{3}\pi\mathrm{cm}^3$　(ii) $2\sqrt{10}\pi\mathrm{cm}^2$

解法 (1) AG＝$\sqrt{3}$ AB＝$2\sqrt{3}$

確認 立方体の対角線の長さ
1辺の長さがaの立方体の対角線の長さは，
$\sqrt{a^2+a^2+a^2}=\sqrt{3}\,a$

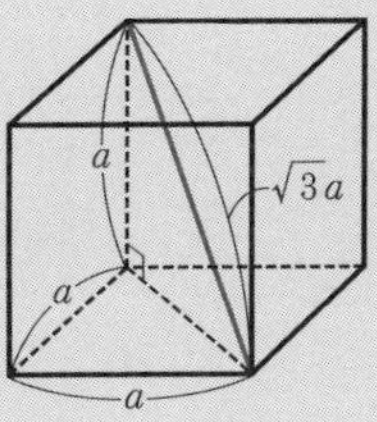

解法 (2)(i) Mは辺BFの中点であるから，AM＝GM
線分AGの中点をOとすると，△AMGは二等辺三角形であるから，AG⊥MO

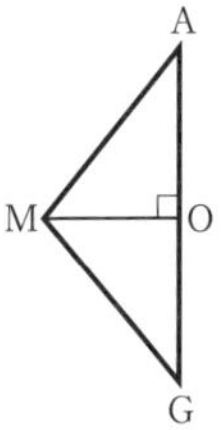

AO＝$\frac{1}{2}$AG＝$\frac{1}{2}\times2\sqrt{3}=\sqrt{3}$

OM＝$\frac{1}{2}$×（正方形ABCDの対角線の長さ）であるから，

OM＝$\frac{1}{2}$AC＝$\frac{1}{2}\times2\sqrt{2}=\sqrt{2}$

ゆえに，求める回転体の体積は，$2\times\left\{\frac{1}{3}\times\pi\times(\sqrt{2})^2\times\sqrt{3}\right\}=\frac{4\sqrt{3}}{3}\pi$

→20

(ii) △ABMで，∠ABM＝90° であるから，AM＝$\sqrt{\mathrm{AB}^2+\mathrm{BM}^2}=\sqrt{2^2+1^2}=\sqrt{5}$
線分AMを母線とする円すいの側面積は，$\pi\times\sqrt{2}\times\sqrt{5}=\sqrt{10}\pi$
ゆえに，求める回転体の表面積は $2\sqrt{10}\pi$

stage 7

1 ◉連立方程式◉

答 (1) $\begin{cases} \dfrac{2}{3}x+\dfrac{1}{4}y=20 \\ \dfrac{2}{5}x+\dfrac{19}{60}y=20 \end{cases}$ (2) $x=12$, $y=48$ (3) 8 時 35 分

解法 (1) A 町と B 町の間の距離は 20km である。

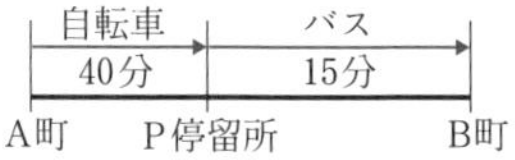

大樹君は A 町から自転車で 40 分走って P 停留所に着き，そこからバスに 15 分乗って B 町に着いたから，A 町と B 町の間を，

自転車で $\dfrac{40}{60}x=\dfrac{2}{3}x$ (km)，バスで $\dfrac{15}{60}y=\dfrac{1}{4}y$ (km) 進んだことになる。

ゆえに，$\dfrac{2}{3}x+\dfrac{1}{4}y=20$

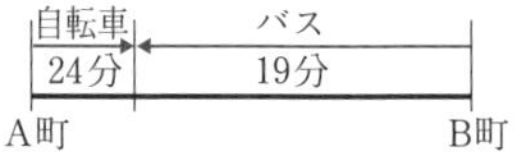

また，大樹君は A 町行きのバスに出会うまで自転車で 24 分走り，バスは大樹君に出会うまで $24-5=19$ (分) 走っているから，

自転車は $\dfrac{24}{60}x=\dfrac{2}{5}x$ (km)，バスは $\dfrac{19}{60}y$ (km) 走ったことになる。

ゆえに，$\dfrac{2}{5}x+\dfrac{19}{60}y=20$

確認 道のり，速さ，時間の関係

道のり，速さ，時間については，次の関係を利用して方程式をつくる。

(速さ)×(時間)＝(道のり)　　　(速さ)＝$\dfrac{(道のり)}{(時間)}$

解法 (2) $\dfrac{2}{3}x+\dfrac{1}{4}y=20$ ……①

$\dfrac{2}{5}x+\dfrac{19}{60}y=20$ ……②

①×12 より，$8x+3y=240$ ……③

②×60 より，$24x+19y=1200$ ……④

③，④を連立させて解くと，$x=12$，$y=48$

解法 (3) 自転車とバスの速さの比は，$12:48=1:4$

自転車で A 町から P 停留所まで 40 分かかるから，バスでは $40\times\dfrac{1}{4}=10$ (分) かかる。

大樹君は 8 時 45 分に P 停留所でバスに乗るから，$45-10=35$ (分) より，バスは 8 時 35 分に A 町を出発する。

2 ◉回転体の体積，三平方の定理，平行線と比◉

答 (1) $2\sqrt{2}$ cm　(2) $\dfrac{2\sqrt{6}}{3}$ cm　(3) $\dfrac{32\sqrt{2}}{27}\pi \text{cm}^3$

解法 (1) 円の中心をOとし，点DとOを結ぶ。
CDは接線であるから，$OD \perp CD$
△OCDで，$\angle ODC = 90°$
$OC = OB + BC = OB + AB = 1 + 2 = 3$ であるから，
$CD = \sqrt{OC^2 - OD^2} = \sqrt{3^2 - 1^2} = 2\sqrt{2}$

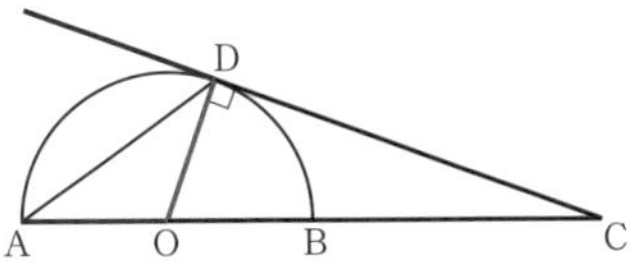

→42

研究 (1) 点BとDを結ぶ。
△ACDと△DCBにおいて，
∠Cは共通
CDは点Dにおける円Oの接線であるから，
接弦定理より，$\angle CAD = \angle CDB$
ゆえに，△ACD∽△DCB（2角）
よって，$AC : DC = DC : BC$
$BC = 2$，$AC = 4$ であるから，$4 : DC = DC : 2$
$DC^2 = 8$　　$CD > 0$ より，$CD = 2\sqrt{2}$

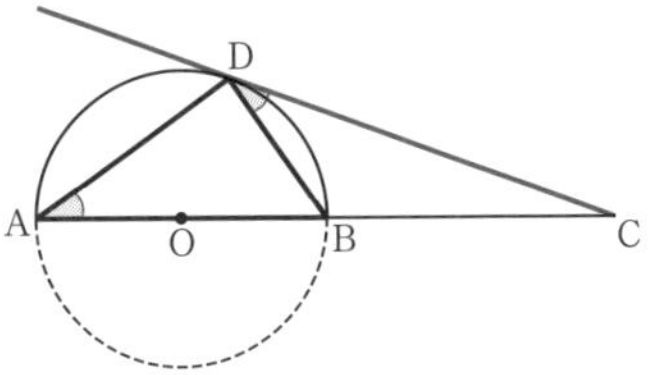

→46

研究 (1) CDは点Dにおける円Oの接線であるから，方べきの定理より，
$CD^2 = CA \times CB$
よって，$CD^2 = 4 \times 2$　　$CD^2 = 8$
$CD > 0$ より，$CD = 2\sqrt{2}$

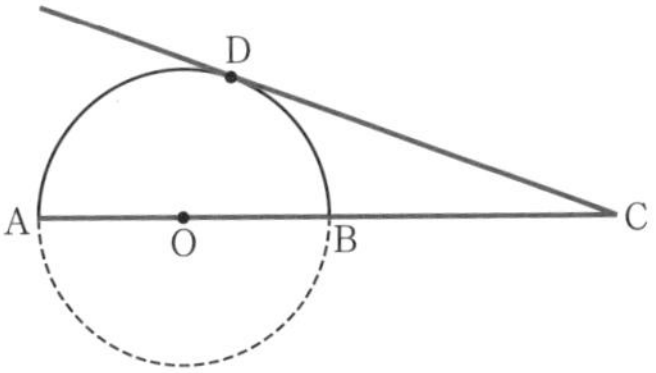

→47

解法 (2) 点Aから直線CDに垂線AHをひく。
$AH /\!/ OD$ より，$OC : AC = OD : AH$
$OC = 3$，$AC = 2AB = 4$ であるから，
$3 : 4 = 1 : AH$　　$AH = \dfrac{4}{3}$
また，$AH /\!/ OD$ より，$CO : OA = CD : DH$
$3 : 1 = 2\sqrt{2} : DH$　　$DH = \dfrac{2\sqrt{2}}{3}$
△ADHで，$\angle AHD = 90°$ であるから，
$AD = \sqrt{AH^2 + DH^2} = \sqrt{\left(\dfrac{4}{3}\right)^2 + \left(\dfrac{2\sqrt{2}}{3}\right)^2} = \dfrac{2\sqrt{6}}{3}$

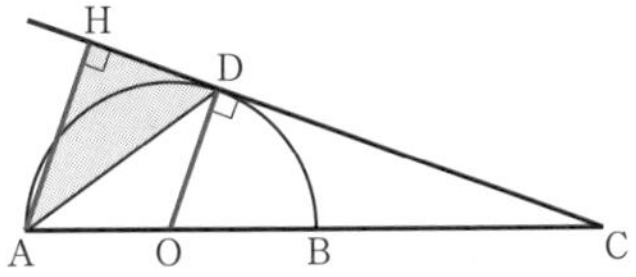

解法 (3) △ACHを直線CDを軸として1回転させてできる円すいの体積は，
$CH = CD + DH = \dfrac{8\sqrt{2}}{3}$ より，$\dfrac{1}{3} \times \pi \times AH^2 \times CH = \dfrac{1}{3} \times \pi \times \left(\dfrac{4}{3}\right)^2 \times \dfrac{8\sqrt{2}}{3} = \dfrac{128\sqrt{2}}{81}\pi$

△ADHを直線CDを軸として1回転させてできる円すいの体積は，
$\dfrac{1}{3} \times \pi \times AH^2 \times DH = \dfrac{1}{3} \times \pi \times \left(\dfrac{4}{3}\right)^2 \times \dfrac{2\sqrt{2}}{3} = \dfrac{32\sqrt{2}}{81}\pi$
ゆえに，求める回転体の体積は，$\dfrac{128\sqrt{2}}{81}\pi - \dfrac{32\sqrt{2}}{81}\pi = \dfrac{32\sqrt{2}}{27}\pi$

3 ◉整数の性質，不等式◉

答 (1) $y=9$ (2) $x=1,\ 4$ (3) 9 個

解法 (1) $n=4x+1$ ……① $n=3y+2$ ……②

$x=7$ のとき，①より，$n=4\times7+1=29$ よって，②より，$29=3y+2$

ゆえに，$y=9$

解法 (2) ①，②より，$4x+1=3y+2$ 両辺から 5 をひいて，$4x-4=3y-3$

$4(x-1)=3(y-1)$

したがって，$4(x-1)$ は 3 の倍数であるから，$x-1$ は 3 の倍数であり，x は 3 で割って 1 余る数である。

また，$1\leqq n\leqq30$ であるから，$1\leqq4x+1\leqq30$

$1\leqq4x+1$ より，$0\leqq x$

$4x+1\leqq30$ より，$4x\leqq29$ $x\leqq\dfrac{29}{4}$

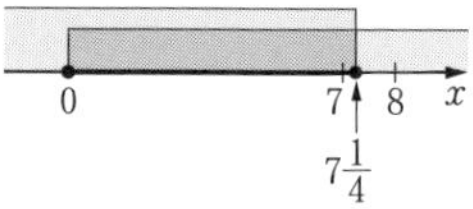

よって，$0\leqq x\leqq7\dfrac{1}{4}$

……▶ 5

x は 3 で割って 1 余る数であるから，$x=1,\ 4,\ 7$

$x\neq7$ であるから，$x=1,\ 4$

確認 割る数と割られる数

割られる数 n は，

$n=$(割る数)×(商)+(余り)，　$0\leqq$(余り)<(割る数)

と表すことができる。

(2)では，

4 で割ると 1 余る自然数は，1，5，9，13，17，21，…

3 で割ると 2 余る自然数は，2，5，8，11，14，17，20，…

したがって，4 で割って 1 余り，3 で割って 2 余る最小の自然数 n は 5 である。

また，$n-5$ は 3 の倍数にも，4 の倍数にもなっている。

別解 (2) $n=4x+1$，$n=3y+2$

また，$29=4\times7+1$，$29=3\times9+2$

よって，

$$\begin{array}{rr} & n=\ \ 4x+1 \\ -) & 29=4\times7+1 \\ \hline & n-29=4(x-7) \end{array} \qquad \begin{array}{rr} & n=\ \ 3y+2 \\ -) & 29=3\times9+2 \\ \hline & n-29=3(y-9) \end{array}$$

したがって，$n-29$ は 4 の倍数であり，3 の倍数でもあるから，4 と 3 の最小公倍数 12 の倍数である。

よって，$n-29=12m$（m は整数）とおくと，$n=29+12m$

$1\leqq n\leqq30$ であるから，$1\leqq29+12m\leqq30$

$1\leqq29+12m$ より，$-28\leqq12m$ $-\dfrac{7}{3}\leqq m$

$29+12m\leqq30$ より，$12m\leqq1$ $m\leqq\dfrac{1}{12}$

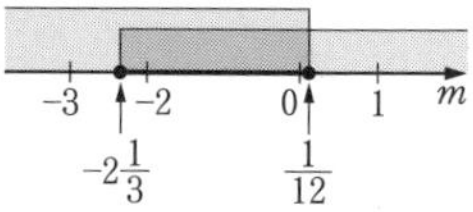

よって，$-2\dfrac{1}{3}\leqq m\leqq\dfrac{1}{12}$

m は整数であるから，$m=0$，-1，-2
$m=0$ のとき，$n=29+12\times0=29$
$m=-1$ のとき，$n=29+12\times(-1)=17$
$m=-2$ のとき，$n=29+12\times(-2)=5$
$n\neq29$ であるから，$n=17$，5
$n=17$ のとき，①より，$17=4x+1$　　$x=4$
$n=5$ のとき，①より，$5=4x+1$　　$x=1$
ゆえに，$x=1$，4

解法 (3) $100\leqq n\leqq200$ であるから，$100\leqq4x+1\leqq200$

$100\leqq4x+1$ より，$99\leqq4x$　　$\frac{99}{4}\leqq x$

$4x+1\leqq200$ より，$4x\leqq199$　　$x\leqq\frac{199}{4}$

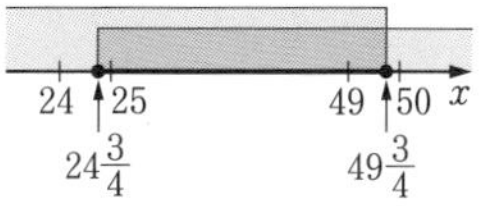

よって，$\frac{99}{4}\leqq x\leqq\frac{199}{4}$　　$24\frac{3}{4}\leqq x\leqq49\frac{3}{4}$

x は 3 で割って 1 余る数であるから，$x=25$，28，31，34，37，40，43，46，49 の 9 個ある。
ゆえに，条件を満たす n の値は 9 個ある。

別解 (3) 別解(2)より，$n=29+12m$（m は整数）
$100\leqq n\leqq200$ であるから，$100\leqq29+12m\leqq200$

$100\leqq29+12m$ より，$71\leqq12m$　　$\frac{71}{12}\leqq m$

$29+12m\leqq200$ より，$12m\leqq171$　　$m\leqq\frac{57}{4}$

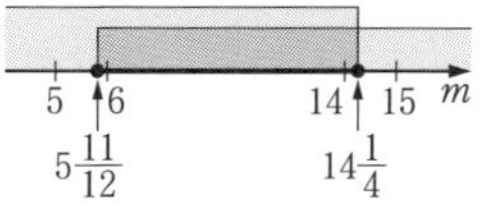

よって，$\frac{71}{12}\leqq m\leqq\frac{57}{4}$　　$5\frac{11}{12}\leqq m\leqq14\frac{1}{4}$

m は整数であるから，$m=6$，7，8，9，10，11，12，13，14 の 9 個ある。
ゆえに，条件を満たす n の値は 9 個ある。

4 ◉関数 $y=ax^2$，1 次関数，三平方の定理，2 次方程式◉

答 (1) $0\leqq y\leqq\frac{25}{4}$　(2) $3\sqrt{5}$ cm　(3) $t=-3$

解法 (1) $y=\frac{1}{4}x^2$ に $x=-1$，$x=5$ をそれぞれ代入して，

$y=\frac{1}{4}\times(-1)^2=\frac{1}{4}$，$y=\frac{1}{4}\times5^2=\frac{25}{4}$

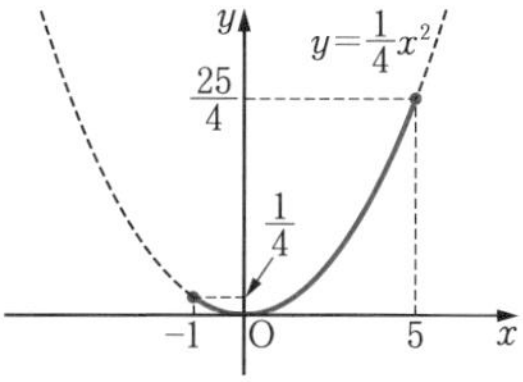

ゆえに，$-1\leqq x\leqq5$ のとき，y の変域は $0\leqq y\leqq\frac{25}{4}$

……▶13

確認 関数 $y=ax^2$ の値の変化

関数 $y=ax^2$ は，$a>0$ のとき，x の値が増加すると，$x<0$ の範囲では y の値は減少し，$x>0$ の範囲では y の値は増加する。
$x=0$ のとき，y の値は最小になり，最小値は 0 である。

解法 (2) $y=\frac{1}{4}x^2$ に $x=-4$，$x=2$ をそれぞれ代入して，

$y=\frac{1}{4}\times(-4)^2=4$，$y=\frac{1}{4}\times 2^2=1$

よって，A$(-4,\ 4)$，B$(2,\ 1)$

ゆえに，$\mathrm{AB}=\sqrt{\{2-(-4)\}^2+(1-4)^2}=3\sqrt{5}$

解法 (3) 直線 ℓ は右下がりであり，CD=4AD であるから，ℓ の傾きは，

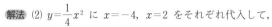

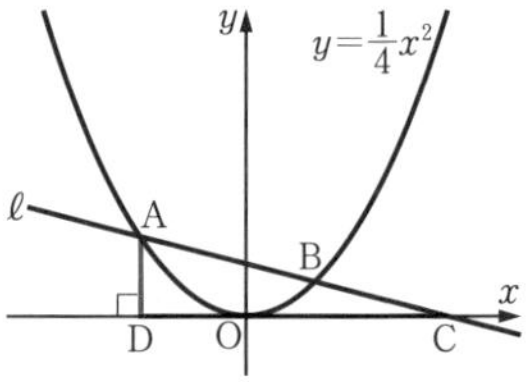

……▶ 8

$-\frac{\mathrm{AD}}{\mathrm{CD}}=-\frac{\mathrm{AD}}{4\mathrm{AD}}=-\frac{1}{4}$

直線 ℓ は傾きが $-\frac{1}{4}$ で B$(2,\ 1)$ を通るから，直線 ℓ の式は，$y-1=-\frac{1}{4}(x-2)$　　$y=-\frac{1}{4}x+\frac{3}{2}$

点 C は x 軸上にあるから，$0=-\frac{1}{4}x+\frac{3}{2}$　　$x=6$

よって，C$(6,\ 0)$

また，$\mathrm{A}\left(t,\ \frac{1}{4}t^2\right)$，D$(t,\ 0)$ より，$\mathrm{AD}=\frac{1}{4}t^2$，$\mathrm{CD}=6-t$

CD=4AD より，$6-t=4\times\frac{1}{4}t^2$　　$t^2+t-6=0$　　$(t+3)(t-2)=0$　　$t=-3,\ 2$

点 A は第 2 象限にあるから，$t<0$

ゆえに，$t=-3$

別解 (3) 直線 ℓ は右下がりであり，CD=4AD であるから，ℓ の傾きは，

$-\frac{\mathrm{AD}}{\mathrm{CD}}=-\frac{\mathrm{AD}}{4\mathrm{AD}}=-\frac{1}{4}$

$\mathrm{A}\left(t,\ \frac{1}{4}t^2\right)$，B$(2,\ 1)$ は直線 ℓ 上にあるから，

$$\frac{\frac{1}{4}t^2-1}{t-2}=\frac{\frac{1}{4}(t-2)(t+2)}{t-2}=\frac{1}{4}(t+2)$$

よって，$\frac{1}{4}(t+2)=-\frac{1}{4}$

ゆえに，$t=-3$

5 ◉1次関数，1次方程式，2次方程式◉

答 (1) R(1，2)　(2) $k=\frac{25}{13}$　(3) $k=3$

解法 (1) A(10，0)，B(2，4) より，直線 AB の式は，$y-0=\frac{4-0}{2-10}(x-10)$ ……▶10

よって，$y=-\frac{1}{2}x+5$ ……①

$k=1$ のとき，$y=\frac{1}{2}x-1$ ……②

①，②を連立させて解くと，$x=6$，$y=2$

よって，Q(6，2)

直線 OB の式は，$y=2x$

点 R の y 座標は点 Q の y 座標に等しいから，$2=2x$　　$x=1$

ゆえに，R(1，2)

解法 (2) 点 P は直線 $y=\frac{1}{2}x-k$ ……③ 上にあるから，$0=\frac{1}{2}x-k$　　$x=2k$

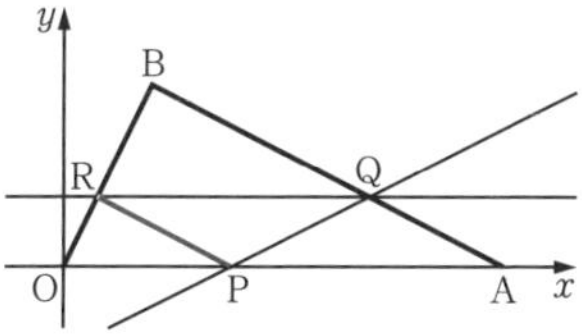

よって，P($2k$，0)

①，③を連立させて解くと，$x=k+5$，$y=\frac{5-k}{2}$

よって，$Q\left(k+5,\ \frac{5-k}{2}\right)$

点 R は直線 OB 上にあるから，$\frac{5-k}{2}=2x$　　$x=\frac{5-k}{4}$

よって，$R\left(\frac{5-k}{4},\ \frac{5-k}{2}\right)$

PR // AB より，直線 PR は傾きが $-\frac{1}{2}$ であるから，

$\dfrac{\frac{5-k}{2}-0}{\frac{5-k}{4}-2k}=-\frac{1}{2}$　　$\frac{5-k}{2}=-\frac{1}{2}\left(\frac{5-k}{4}-2k\right)$

ゆえに，$k=\frac{25}{13}$

（以上 ＊）

別解 (2) ＊部分は，次のように求めてもよい。

△OAB で，

PR // AB より，OP：OA＝OR：OB ……④

点 B，R から x 軸にそれぞれ垂線 BC，RD をひく。

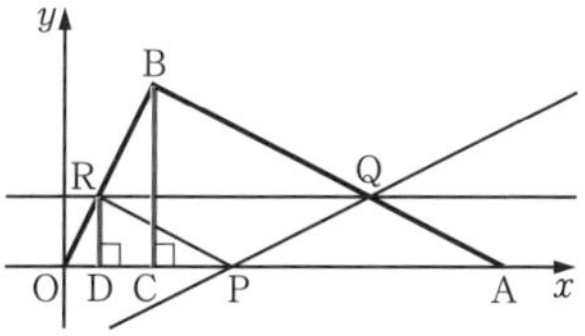

BC // RD より，OR：OB＝OD：OC ……⑤

④，⑤より，OP：OA＝OD：OC

OP＝$2k$，OA＝10，OD＝$\frac{5-k}{4}$，OC＝2 であるから，

$2k:10=\frac{5-k}{4}:2$　　$4k=\frac{10(5-k)}{4}$

ゆえに，$k=\frac{25}{13}$

解法 (3) 点 P から直線 QR に垂線 PH をひく。

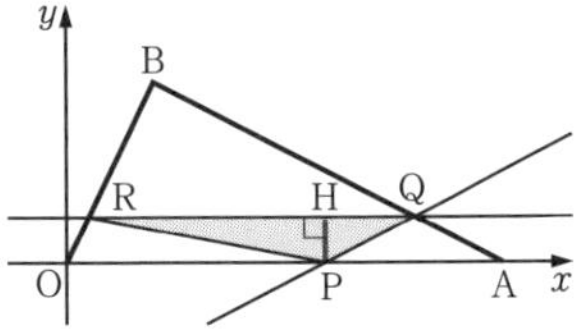

$PH=\frac{5-k}{2}$

$QR=(k+5)-\frac{5-k}{4}=\frac{5k+15}{4}$

よって，$\triangle PQR=\frac{1}{2}\times QR\times PH$

$=\frac{1}{2}\times\frac{5k+15}{4}\times\frac{5-k}{2}=\frac{5(k+3)(5-k)}{16}$

$\triangle PQR=\frac{15}{4}$ より，$\frac{5(k+3)(5-k)}{16}=\frac{15}{4}$　　$k^2-2k-3=0$　　$(k+1)(k-3)=0$

$k=-1,\ 3$　　$0<k<5$ より，$k=3$

6 ◉空間図形，立体の体積，三平方の定理◉

答 (1) 45°　(2) $2\sqrt{2}$ cm　(3) $\frac{16\sqrt{2}}{3}\text{cm}^3$　(4) $\frac{2\sqrt{2}}{2+\sqrt{3}}$cm

解法 (1) $\triangle ABD$ は，$\angle BAD=90°$，$AB=AD$ の直角二等辺三角形であるから，$BD=\sqrt{2}AB=4\sqrt{2}$

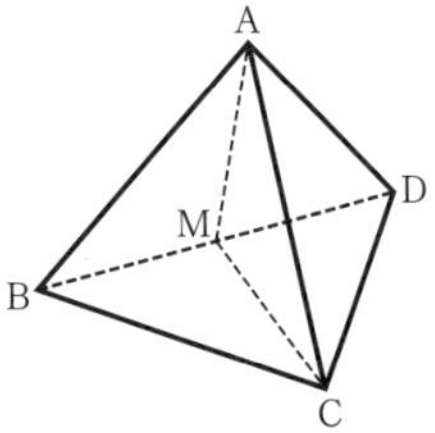

M は斜辺 BD の中点であるから，

$AM=BM=DM=\frac{1}{2}BD=2\sqrt{2}$

$\triangle ABD$ と $\triangle CBD$ において，

BD は共通　　AB＝CB（正三角形の辺）

AD＝CD（正三角形の辺）

ゆえに，$\triangle ABD\equiv\triangle CBD$（3 辺）

……▶27

よって，$CM=AM=2\sqrt{2}$

$\triangle ACM$ において，

$AC^2=4^2=16$，$AM^2+CM^2=(2\sqrt{2})^2+(2\sqrt{2})^2=16$ より，

$AC^2=AM^2+CM^2$

よって，$\triangle AMC$ は $\angle AMC=90°$ の直角二等辺三角形である。

ゆえに，$\angle MAC=45°$

……▶44

確認 **三平方の定理の逆**

右の図で，$\triangle ABC$ の 3 辺の長さを a，b，c とするとき，

$a^2=b^2+c^2$ ならば，$\triangle ABC$ は $\angle A=90°$ の直角三角形である。

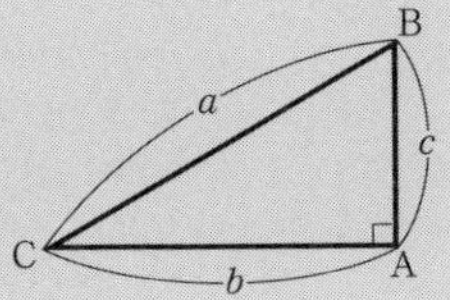

解法 (2) AM＝BM＝CM＝DM＝$2\sqrt{2}$（cm）であるから，四面体 ABCD の 4 つの頂点を通る球の中心は M で，半径は $2\sqrt{2}$ cm である。

解法 (3) M は直角二等辺三角形 ABD の斜辺 BD の中点であるから，AM⊥BD
△AMC は ∠AMC＝90° の直角二等辺三角形であるから，AM⊥CM
よって，AM⊥△BCD

△BCD＝$\frac{1}{2}\times4\times4=8$ より，

(四面体 ABCD の体積)＝$\frac{1}{3}\times$△BCD$\times$AM＝$\frac{1}{3}\times8\times2\sqrt{2}=\frac{16\sqrt{2}}{3}$

解法 (4) 四面体 ABCD の 4 つの面に接する球の中心を O，半径を $r$cm とする。
(四面体 ABCD の体積)＝(四面体 OABC の体積)＋(四面体 OACD の体積)
＋(四面体 OABD の体積)＋(四面体 OBCD の体積)
△ABC と △ACD はともに 1 辺の長さが 4cm の正三角形であるから，

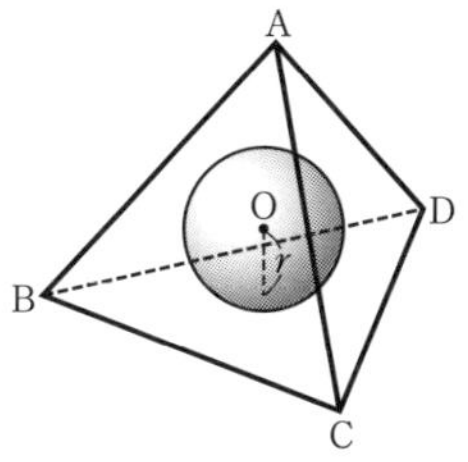

△ABC＝△ACD＝$\frac{1}{2}\times$AB$\times\frac{\sqrt{3}}{2}$AB＝$4\sqrt{3}$

(四面体 OABC の体積)＝(四面体 OACD の体積)

＝$\frac{1}{3}\times$△ABC$\times r=\frac{4\sqrt{3}}{3}r$

△ABD＝△BCD＝8
よって，(四面体 OABD の体積)＝(四面体 OBCD の体積)

＝$\frac{1}{3}\times$△ABD$\times r=\frac{8}{3}r$

(四面体 ABCD の体積)＝$\frac{16\sqrt{2}}{3}$ であるから，$2\times\frac{4\sqrt{3}}{3}r+2\times\frac{8}{3}r=\frac{16\sqrt{2}}{3}$

ゆえに，$r=\frac{2\sqrt{2}}{2+\sqrt{3}}$

stage 8

1 ◉円周角と中心角，相似，三平方の定理◉

答 (1) $3\sqrt{6}$　(2) $\sqrt{3}:1$　(3) $2:1$

解法 (1) 点BとD，点OとCを結ぶ。

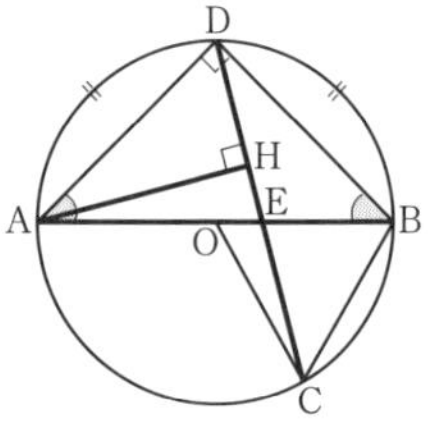

$\overset{\frown}{AD}=\overset{\frown}{BD}$ より，$\angle DAB=\angle DBA$

ABは円Oの直径であるから，$\angle ADB=90^\circ$

よって，△ADBは直角二等辺三角形であるから，

$AD=\dfrac{1}{\sqrt{2}}AB=6\sqrt{2}$

$\overset{\frown}{AC}:\overset{\frown}{AB}=2\overset{\frown}{BC}:(2\overset{\frown}{BC}+\overset{\frown}{BC})=2:3$ より，

……▶39

$\angle AOC=\dfrac{2}{3}\times180^\circ=120^\circ$　　よって，$\angle ADC=\dfrac{1}{2}\angle AOC=\dfrac{1}{2}\times120^\circ=60^\circ$

また，△AHDで，$\angle AHD=90^\circ$，$\angle ADH=60^\circ$ であるから，

$AH=\dfrac{\sqrt{3}}{2}AD=3\sqrt{6}$

解法 (2) △AHDで，$AH:DH=\sqrt{3}:1$ ……①

点AとCを結ぶ。

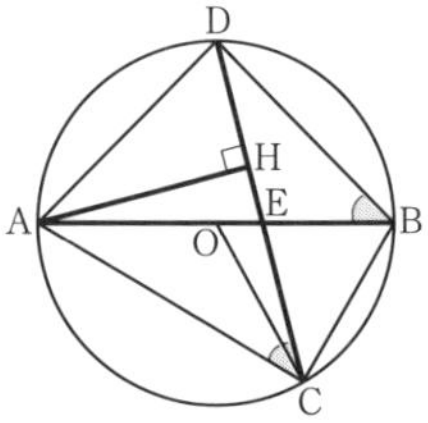

$\angle ACD=\angle ABD$（$\overset{\frown}{AD}$ に対する円周角）

$\angle ABD=45^\circ$ であるから，$\angle ACH=45^\circ$　　$\angle AHC=90^\circ$

よって，△ACHは直角二等辺三角形であるから，

$CH=AH$ ……②

ゆえに，①，②より，$CH:HD=\sqrt{3}:1$

解法 (3) $\angle COB=180^\circ-\angle AOC=60^\circ$　　$OB=OC$

よって，△OCBは正三角形であるから，$BC=OB=\dfrac{1}{2}AB=6$

△AEDと△CEBにおいて，

$\angle AED=\angle CEB$（対頂角）　　$\angle ADE=\angle CBE$（$\overset{\frown}{AC}$ に対する円周角）

ゆえに，△AED∽△CEB（2角）

$AD:CB=6\sqrt{2}:6=\sqrt{2}:1$ より，$\triangle AED:\triangle CEB=(\sqrt{2})^2:1^2=2:1$

……▶35

2 ◉場合の数，三角形の性質◉

答 (1) 5通り　(2) 126通り　(3) 27通り

解法 (1) 正三角形となるのは，3個の球に書かれた整数がすべて同じ場合であるから，5通りある。

解法 (2)(i) 等辺の長さが1のとき，二等辺三角形はできない。

(ii) 等辺の長さが2のとき，他の辺の長さが1，3の二等辺三角形ができる。

2の球の取り出し方は3通りある。

1，3の球の取り出し方は3通りずつある。

よって，$3\times(2\times3)=18$（通り）

(iii) 等辺の長さが 3 のとき，他の辺の長さが 1，2，4，5 の二等辺三角形ができる。
3 の球の取り出し方は 3 通りある。
1，2，4，5 の球の取り出し方は 3 通りずつある。
よって，$3\times(4\times3)=36$（通り）
(iv) 等辺の長さが 4，5 のとき，(iii)と同様に 36 通りずつある。
ゆえに，(i)，(ii)，(iii)，(iv)より，$18+36\times3=126$（通り）

確認 三角形の成立条件

3 つの正の数 a，b，c について，

$$a+b>c,\quad b+c>a,\quad c+a>b$$

をすべて満たすとき，3 辺の長さが a，b，c の三角形をつくることができる。
たとえば，3 辺の長さが 3，4，5 のときは，

$$3+4>5,\quad 4+5>3,\quad 5+3>4$$

したがって，三角形をつくることができる。
また，3 辺の長さが 2，2，5 のときは，

$$2+2<5$$

したがって，三角形の成立条件のうち，成り立たないものがあるから，三角形をつくることができない。

解法 (3) 直角三角形となるのは，線分の長さが 3，4，5 のときである。
整数が 3，4，5 の球はそれぞれ 3 色ある。
ゆえに，$3\times3\times3=27$（通り）

3 ◉空間図形，立体の体積，三平方の定理◉

答 (1) 18　(2) $\dfrac{56}{3}$

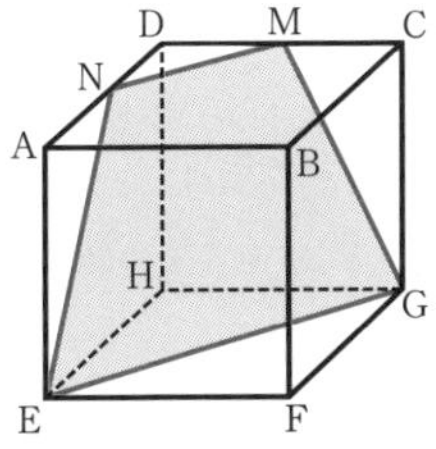

→25

解法 (1) 3 点 E，G，M を通る平面と辺 AD との交点を N とする。
平面 ABCD // 平面 EFGH より，NM // EG ……①
よって，N は辺 AD の中点である。
$\triangle$DNM は，$\angle$MDN$=90^\circ$，DN$=$DM$=\dfrac{1}{2}$CD$=2$ の直角二等辺三角形であるから，MN$=\sqrt{2}$ DM$=2\sqrt{2}$
$\triangle$CMG で，$\angle$MCG$=90^\circ$，CM$=2$ であるから，
MG$=\sqrt{\text{CM}^2+\text{CG}^2}=\sqrt{2^2+4^2}=2\sqrt{5}$ ……②
同様に，NE$=\sqrt{\text{AN}^2+\text{AE}^2}=\sqrt{2^2+4^2}=2\sqrt{5}$ ……③
①，②，③より，四角形 NEGM は等脚台形である。
線分 EG は正方形 EFGH の対角線であるから，
EG$=\sqrt{2}$ EF$=4\sqrt{2}$
点 M から辺 EG に垂線 MP をひくと，
PG$=\dfrac{1}{2}$(EG$-$NM)$=\sqrt{2}$

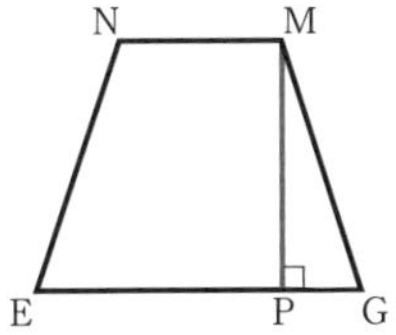

→26

△MPG で，∠MPG＝90° であるから，
$MP=\sqrt{MG^2-PG^2}=\sqrt{(2\sqrt{5})^2-(\sqrt{2})^2}=3\sqrt{2}$
ゆえに，(等脚台形 NEGM)$=\frac{1}{2}\times(NM+EG)\times MP=18$

確認 平面と平面の位置関係
2つの平面 P と Q が平行であるとき，この2つの平面と平面 R との交線をそれぞれ ℓ，m とすると，$\ell /\!/ m$ である。

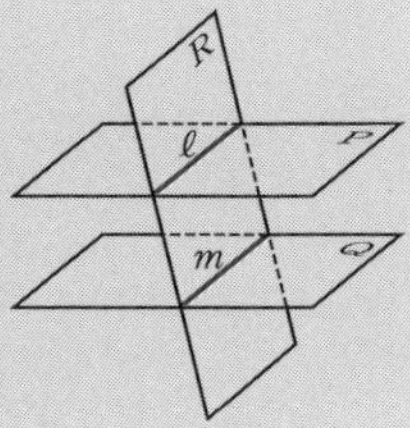

解法 (2) 3点 E，G，M を通る平面と辺 HD の延長との交点を Q とする。
DM // HG より，QH：QD＝HG：DM＝2：1
QD＝DH＝4 であるから，QH＝QD＋DH＝8
$\triangle HEG=\frac{1}{2}\times4\times4=8$　　$\triangle DNM=\frac{1}{2}\times2\times2=2$
ゆえに，求める体積は，
(三角すい Q–EGH の体積)−(三角すい Q–NMD の体積)
$=\frac{1}{3}\times\triangle HEG\times QH-\frac{1}{3}\times\triangle DNM\times QD$
$=\frac{1}{3}\times8\times8-\frac{1}{3}\times2\times4=\frac{56}{3}$

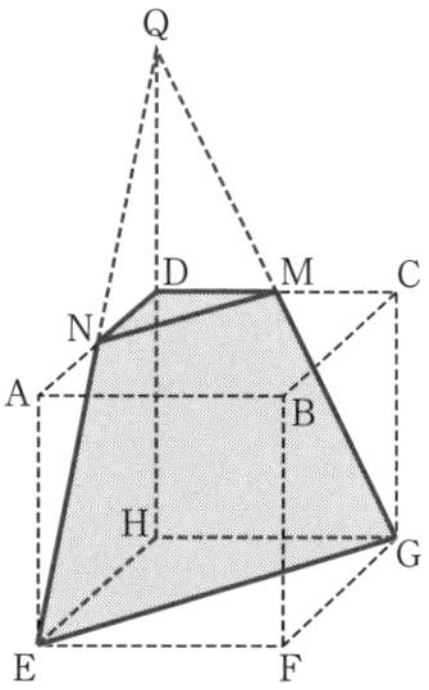

別解 (2) 平面 DNM // 平面 HEG であるから，三角すい Q–EGH と三角すい Q–NMD は相似である。
HG：DM＝2：1 より，
(三角すい Q–EGH の体積)：(三角すい Q–NMD の体積)$=2^3:1^3=8:1$ →35
ゆえに，求める体積は，
$\frac{7}{8}\times$(三角すい Q–EGH の体積)$=\frac{7}{8}\times\left(\frac{1}{3}\times\triangle HEG\times QH\right)=\frac{7}{8}\times\frac{64}{3}=\frac{56}{3}$

4 ◉整数の性質，不等式◉

答 100

解法 ① $abc=1380$　② $2<a<b$　③ $a+b<c$　a，b，c は正の整数である。
③より，$ab(a+b)<abc$
②より，$a<b$　$2a<a+b$ であるから，$2a^3<ab(a+b)$
よって，$2a^3<abc$
①より，$2a^3<1380$　ゆえに，$a^3<690$ ……④
$8^3=512$，$9^3=729$ であるから，②，④より，$3\leqq a\leqq8$
②，③より，$a<b<c$
①より，a は $1380=2^2\times3\times5\times23$ の約数であるから，3，4，5，6 のいずれかである。

$a=3$ のとき，$bc=2^2\times5\times23$　$(b,\ c)=(4,\ 115),\ (5,\ 92),\ (10,\ 46)$
よって，$a+b+c=122,\ 100,\ 59$
$a=4$ のとき，$bc=3\times5\times23$　$(b,\ c)=(5,\ 69),\ (15,\ 23)$
よって，$a+b+c=78,\ 42$
$a=5$ のとき，$bc=2^2\times3\times23$　$(b,\ c)=(6,\ 46),\ (12,\ 23)$
よって，$a+b+c=57,\ 40$
$a=6$ のとき，$bc=2\times5\times23$　$(b,\ c)=(10,\ 23)$
よって，$a+b+c=39$
ゆえに，2番目に大きいのは100

5 ◉関数 $y=ax^2$，1次関数，三角形の面積の比，2次方程式◉

答 (1) A$(-6,\ 18)$ (2) $y=-2x+6$ (3) F$(1,\ 14)$

解法 (1) 点Bの x 座標を t $(t>0)$ とする。
点A，Bから x 軸にそれぞれ垂線AG，BHをひく。
AG∥CO∥BH であるから，GO：OH＝AC：CB＝3：1
よって，点Aの x 座標は $-3t$ と表すことができる。

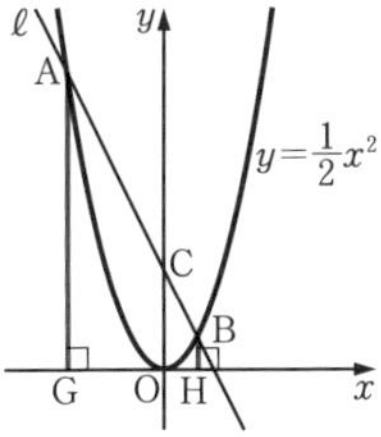

点A，Bは放物線 $y=\frac{1}{2}x^2$ 上にあるから，
$A\left(-3t,\ \frac{9}{2}t^2\right)$，$B\left(t,\ \frac{1}{2}t^2\right)$ である。

直線 ℓ の傾きは，$\dfrac{\frac{1}{2}t^2-\frac{9}{2}t^2}{t-(-3t)}=-t$
直線 ℓ の傾きは -2 であるから，$-t=-2$　$t=2$
ゆえに，A$(-6,\ 18)$

解法 (2) 直線 ℓ は傾きが -2 で A$(-6,\ 18)$ を通るから，直線 ℓ の式は，
$y-18=-2\{x-(-6)\}$
ゆえに，$y=-2x+6$

解法 (3) $y=\frac{1}{2}x^2$ と $y=-2x+16$ を連立させて，

……▶15

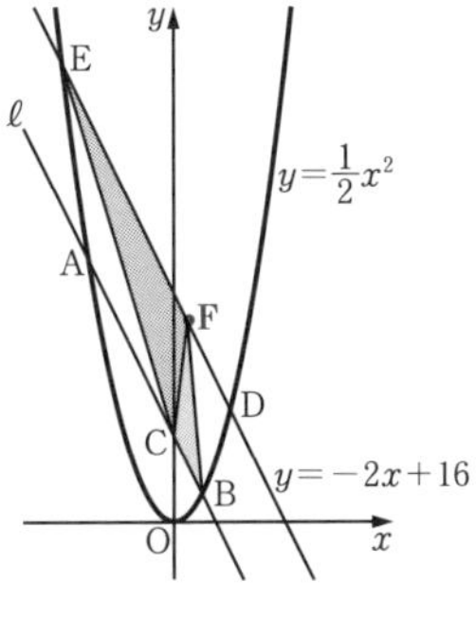

$\frac{1}{2}x^2=-2x+16$　$x^2+4x-32=0$
$(x+8)(x-4)=0$　$x=-8,\ 4$
点Eは第2象限にあるから，Eの x 座標は -8
直線 ℓ と直線 $y=-2x+16$ の傾きが等しいから，
EF∥CB
△CFE と △CFB は，それぞれ EF，CB を底辺と考えると高さが等しいから，
EF：CB＝△CFE：△CFB＝9：2

……▶30

点B，Cの x 座標はそれぞれ2，0であり，点Fの x 座標を p とすると，
$\{p-(-8)\}:(2-0)=9:2$　$2(p+8)=18$　$p=1$
よって，点Fの x 座標は1であるから，$y=-2\times1+16=14$
ゆえに，F$(1,\ 14)$

確認 放物線と直線との交点

放物線 $y=ax^2$ と直線 $y=mx+n$ との交点の座標は，連立方程式 $\begin{cases} y=ax^2 & \cdots\cdots① \\ y=mx+n & \cdots\cdots② \end{cases}$

の解である。

したがって，①，②より y を消去してできる2次方程式 $ax^2=mx+n$ の解が，交点の x 座標となる。

6 ◉点の移動と面積，1次方程式，不等式◉

答 (1) $\frac{11}{2}$ (2) $\frac{17}{3}$ (3) $\frac{7}{2}$ (4) $\frac{7}{2}$

解法 (1) QH$=a$ とする。

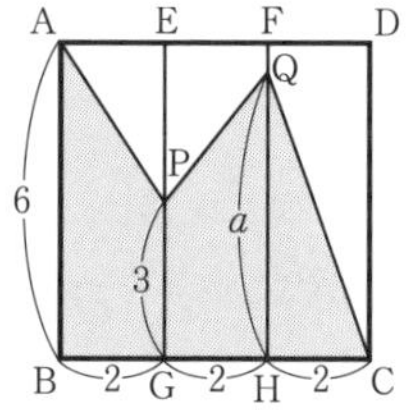

BG＝GH＝HC＝2，PG＝3 より，

(台形 ABGP)$=\frac{1}{2}\times$(AB＋PG)$\times$BG$=\frac{1}{2}\times(6+3)\times2=9$

(台形 PGHQ)$=\frac{1}{2}\times$(PG＋QH)$\times$GH$=\frac{1}{2}\times(3+a)\times2$

$=3+a$

△QHC$=\frac{1}{2}\times$QH$\times$HC$=\frac{1}{2}\times a\times2=a$

(図形 ABCQP)＝(台形 ABGP)＋(台形 PGHQ)＋△QHC より，

$23=9+(3+a)+a$　　$a=\frac{11}{2}$

ゆえに，QH$=\frac{11}{2}$

解法 (2) PG$=b$ とする。

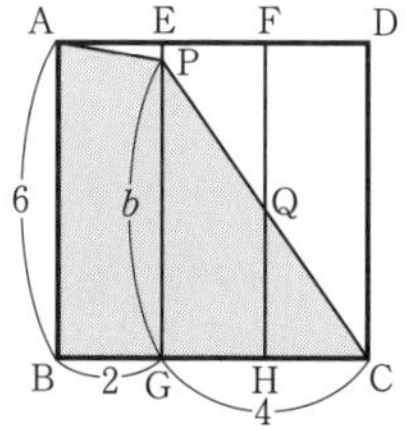

BG＝2，GC＝4 より，

(台形 ABGP)$=\frac{1}{2}\times$(AB＋PG)$\times$BG$=\frac{1}{2}\times(6+b)\times2$

$=6+b$

△PGC$=\frac{1}{2}\times$PG$\times$GC$=\frac{1}{2}\times b\times4=2b$

(図形 ABCQP)＝(台形 ABGP)＋△PGC より，

$23=(6+b)+2b$　　$b=\frac{17}{3}$

ゆえに，PG$=\frac{17}{3}$

解法 (3) PG$=x$，QH$=y$ とすると，

(台形 ABGP)$=\frac{1}{2}\times$(AB＋PG)$\times$BG$=\frac{1}{2}\times(6+x)\times2=6+x$

(台形 PGHQ)$=\frac{1}{2}\times$(PG＋QH)$\times$GH$=\frac{1}{2}\times(x+y)\times2=x+y$

$\triangle QHC = \frac{1}{2} \times QH \times HC = \frac{1}{2} \times y \times 2 = y$

(図形 ABCQP)＝(台形 ABGP)＋(台形 PGHQ)＋△QHC より，

$23 = (6+x) + (x+y) + y \qquad x+y = \frac{17}{2}$ ……①

$y = \frac{17}{2} - x$

$0 \leqq y \leqq 6$ であるから，$0 \leqq \frac{17}{2} - x \leqq 6$

$0 \leqq \frac{17}{2} - x$ より，$x \leqq \frac{17}{2}$　　$\frac{17}{2} - x \leqq 6$ より，$\frac{5}{2} \leqq x$　　よって，$\frac{5}{2} \leqq x \leqq \frac{17}{2}$

また，$0 \leqq x \leqq 6$ であるから，$\frac{5}{2} \leqq x \leqq 6$ ……②

ゆえに，点 P の動きうる範囲の長さは，$6 - \frac{5}{2} = \frac{7}{2}$

解法 (4) PG＝x，QH＝y とする。

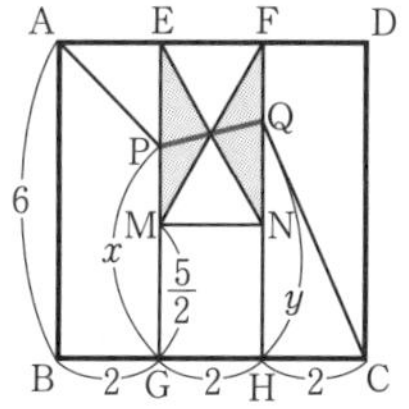

①より，$PG + QH = \frac{17}{2}$（一定）

①，②より，$\frac{5}{2} \leqq y \leqq 6$

線分 EG，FH 上にそれぞれ点 M，N を，$MG = NH = \frac{5}{2}$

となるようにとる。

$PM + QN = \left(PG - \frac{5}{2}\right) + \left(QH - \frac{5}{2}\right) = (PG + QH) - 5 = \frac{17}{2} - 5 = \frac{7}{2}$（一定）

よって，$PM = \frac{7}{2} - QN$

$QF = FH - QH = 6 - \left(QN + \frac{5}{2}\right) = \frac{7}{2} - QN$

ゆえに，PM＝QF

四角形 EMNF は長方形で，長方形は点対称な図形であるから，線分 PQ は長方形 EMNF の対角線の交点を通る。 ……▶22

したがって，線分 PQ の動きうる範囲は，右上の図の赤色部分である。

ゆえに，求める面積は，$2 \times \left(\frac{1}{2} \times \frac{7}{2} \times 1\right) = \frac{7}{2}$

確認 点対称な図形

点対称な図形では，対応する 2 点を結ぶ線分の中点は対称の中心と一致する。
長方形は点対称な図形であるから，対角線の交点が対称の中心である。

stage 9

1 ◉場合の数，三角形の性質◉

答 (1) 6通り　(2) 12通り　(3) 72通り

解法 (1) △ABCになるのは，3つのさいころが1，2，3の異なる目を出す場合である。
まず，大のさいころの目の出方は，1，2，3のいずれかの3通りある。
つぎに，中のさいころの目の出方は，大のさいころの目以外の2通りある。
最後に，小のさいころの目の出方は，大中のさいころの目以外であるから，1通りある。
ゆえに，大中小のさいころの目の出方は，$3\times2\times1=6$ (通り)

……▶16

確認 積の法則
2つのことがら A，B がある。A の起こる場合が m 通りあり，そのそれぞれについて B の起こる場合が n 通りずつあるとき，A と B がともに起こる場合の数は，$(m\times n)$ 通りである。

解法 (2) 正三角形は，△ACEと△BDFの2通りある。
△ACEになるのは，3つのさいころが1，3，5の異なる目を出す場合であり，目の出方は，$3\times2\times1=6$ (通り)
同様に，△BDFになる目の出方は，$3\times2\times1=6$ (通り)
ゆえに，正三角形になる目の出方は，$6+6=12$ (通り)

解法 (3) 対角線ADを斜辺とする直角三角形は，△ABD，△ACD，△ADE，△ADFの4通りある。
同様に，対角線BE，CFを斜辺とする直角三角形についても4通りずつあるから，直角三角形は全部で，
$4\times3=12$ (通り) ある。
1つの直角三角形ABDについて，目の出方は，
$3\times2\times1=6$ (通り) ある。
同様に，他の直角三角形についても6通りずつある。
ゆえに，直角三角形になる目の出方は，$12\times6=72$ (通り)

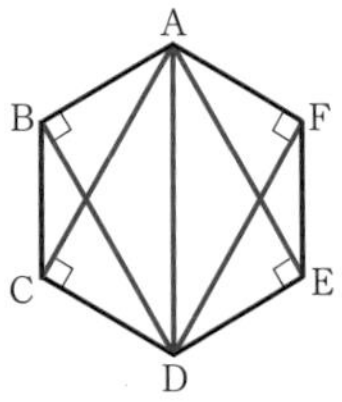

2 ◉関数 $y=\frac{a}{x}$，1次関数，平行線と比，1次方程式◉

答 (1) $y=-3x+12$　(2) C$(-4,\ -3)$　(3) -2，14　(4) $\frac{10}{3}$

解法 (1) A(2，6)，P(4，0)より，直線APの式は，$y-6=\frac{0-6}{4-2}(x-2)$
ゆえに，$y=-3x+12$

解法 (2) 点A，Cから x 軸にそれぞれ垂線AD，CEをひく。
AD∥EC より，AD：CE＝AP：CP＝2：1
AD＝6 であるから，6：CE＝2：1　　CE＝3

よって，点Cの y 座標は -3

点Cは $y=\dfrac{12}{x}$ のグラフ上にあるから，

$-3=\dfrac{12}{x}$　　$x=-4$

ゆえに，C$(-4,\ -3)$

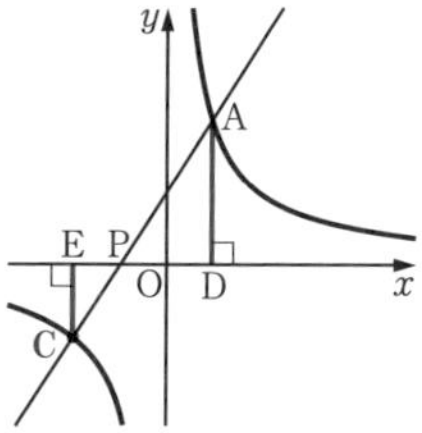

解法 (3) A(2, 6)，B(4, 3) より，直線 AB の式は，

$y-6=\dfrac{3-6}{4-2}(x-2)$　　よって，$y=-\dfrac{3}{2}x+9$

直線 AB と x 軸との交点を F とする。

$0=-\dfrac{3}{2}x+9$　　$x=6$　　よって，F(6, 0)

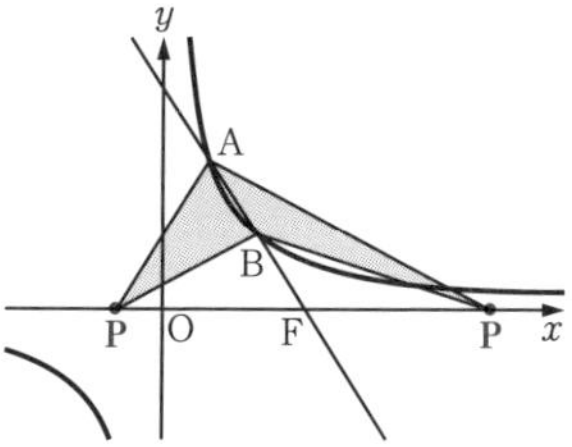

点 P の座標を $(x,\ 0)$ とする。

(i) $x<6$ のとき，$\mathrm{PF}=6-x$

$\triangle\mathrm{APB}=\triangle\mathrm{APF}-\triangle\mathrm{BPF}$

$=\dfrac{1}{2}\times(6-x)\times6-\dfrac{1}{2}\times(6-x)\times3=\dfrac{3}{2}(6-x)$

よって，$\dfrac{3}{2}(6-x)=12$　　$x=-2$

(ii) $x>6$ のとき，$\mathrm{PF}=x-6$

$\triangle\mathrm{APB}=\triangle\mathrm{APF}-\triangle\mathrm{BPF}=\dfrac{1}{2}\times(x-6)\times6-\dfrac{1}{2}\times(x-6)\times3=\dfrac{3}{2}(x-6)$

よって，$\dfrac{3}{2}(x-6)=12$　　$x=14$

ゆえに，(i)，(ii)より，点 P の x 座標は -2，14

解法 (4) x 軸について B(4, 3) と対称な点は，
B′(4, −3) である。

PB＝PB′ より，AP＋PB＝AP＋PB′

AP＋PB′≧AB′ であるから，直線 AB′ と x 軸との交点が求める点 P となる。

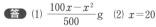

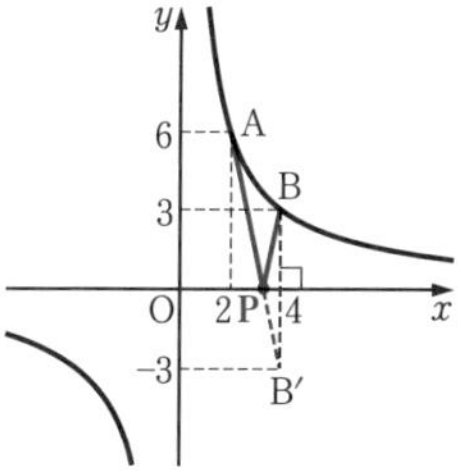

A(2, 6)，B′(4, −3) より，直線 AB′ の式は，

$y-6=\dfrac{-3-6}{4-2}(x-2)$　　よって，$y=-\dfrac{9}{2}x+15$

この式に $y=0$ を代入して，$0=-\dfrac{9}{2}x+15$　　$x=\dfrac{10}{3}$

ゆえに，点 P の x 座標は $\dfrac{10}{3}$

3 ◉2次方程式◉

答 (1) $\dfrac{100x-x^2}{500}$g　(2) $x=20$

解法 (1) xg の食塩水をくみ出した残りの食塩水 $(100-x)$g にふくまれる食塩の重さは，$(100-x)\times\dfrac{10}{100}=\dfrac{100-x}{10}$ (g)

この $(100-x)$ g の食塩水に x g の水を加えると，食塩水の重さは 100g であり，濃度は $\left(\frac{100-x}{10}\div 100\right)\times 100=\frac{100-x}{10}$（%）になる。
ゆえに，この 100g の食塩水からくみ出した食塩水 $2x$ g にふくまれる食塩の重さは，
$2x\times\left(\frac{100-x}{10}\times\frac{1}{100}\right)=\frac{100x-x^2}{500}$（g）

確認 食塩水にふくまれる食塩の重さ
濃度 a% の食塩水 M g にふくまれる食塩の重さは，
$$\left(M\times\frac{a}{100}\right)\text{g}$$
(1)では，濃度 $\frac{100-x}{10}$% の食塩水 $2x$ g にふくまれる食塩の重さは，
$$2x\times\left(\frac{100-x}{10}\times\frac{1}{100}\right)=\frac{100x-x^2}{500}\ (\text{g})$$
となる。

解法 (2) $2x$ g の食塩水をくみ出した残りの食塩水 $(100-2x)$ g にふくまれる食塩の重さは，$(100-2x)\times\left(\frac{100-x}{10}\times\frac{1}{100}\right)=\frac{(50-x)(100-x)}{500}$（g）
この $(100-2x)$ g の 食塩水に $3x$ g の水を加えるから，食塩水の重さは，
$(100-2x)+3x=100+x$（g）である。
この $(100+x)$ g の食塩水の濃度が 4% であるから，ふくまれる食塩の重さは，
$\left\{(100+x)\times\frac{4}{100}\right\}$ g である。
よって，$\frac{(50-x)(100-x)}{500}=(100+x)\times\frac{4}{100}$　　$x^2-170x+3000=0$
$(x-20)(x-150)=0$　　$x=20,\ 150$
$0<2x<100$ より $0<x<50$ であるから，$x=20$

4 ◉合同，三平方の定理，平行線と比◉

答 (1) $\sqrt{3}$　(2) 150°　(3) $\sqrt{3}$

解法 (1) 点 A と H を結ぶ。
△AEH と △ADH において，
∠E＝∠D＝90°　AH は共通　AE＝AD（正方形の辺）
ゆえに，△AEH≡△ADH（斜辺と 1 辺）
よって，△AEH＝△ADH
∠EAD＝90°－∠BAE＝90°－30°＝60°
∠EAH＝∠DAH より，
$\angle\text{EAH}=\frac{1}{2}\angle\text{EAD}=\frac{1}{2}\times 60°=30°$

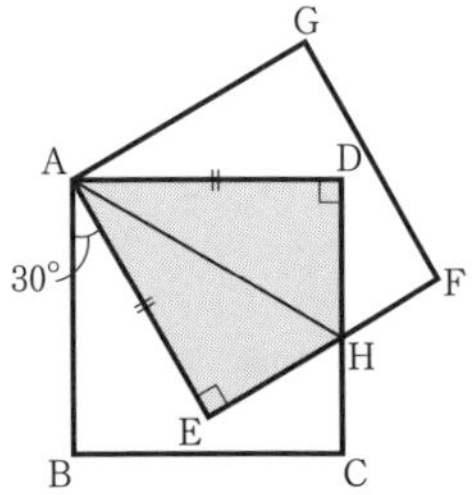

→28

△AEH で，∠AEH＝90°，∠EAH＝30°，AE＝$\sqrt{3}$ であるから，$\text{EH}=\frac{1}{\sqrt{3}}\text{AE}=1$

よって，$\triangle AEH=\frac{1}{2}\times AE\times EH=\frac{\sqrt{3}}{2}$

ゆえに，(四角形 AEHD)$=\triangle AEH+\triangle ADH=2\triangle AEH=\sqrt{3}$

解法 (2) $\triangle ADG$ で，$AD=AG$，$\angle DAG=30°$ より，

$\angle ADG=\frac{1}{2}(180°-30°)=75°$ ……①

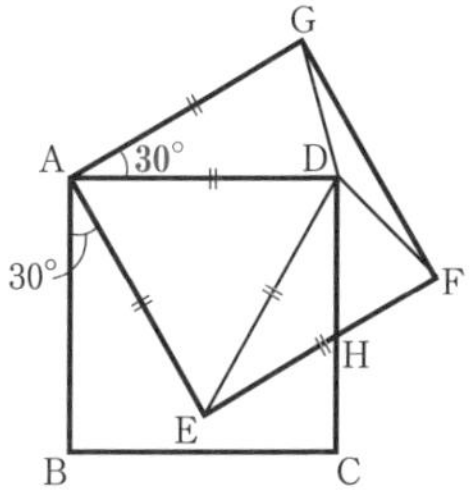

点 D と E を結ぶ。

$\triangle AED$ は，$AE=AD$，$\angle EAD=60°$ より，正三角形であるから，

$AD=ED$ ……②，$\angle AED=\angle ADE=60°$ ……③

$\triangle EFD$ で，$AD=EF$ と②より，$ED=EF$

③より，$\angle DEF=90°-\angle AED=90°-60°=30°$

よって，$\angle EDF=\frac{1}{2}(180°-30°)=75°$ ……④

ゆえに，①，③，④より，

$\angle GDF=360°-(\angle ADG+\angle ADE+\angle EDF)=360°-(75°+60°+75°)=150°$

解法 (3) 点 E，G から辺 AD にそれぞれ垂線 EJ，GK をひく。

$JE /\!/ GK$ より，$IE:IG=EJ:GK$ ……⑤

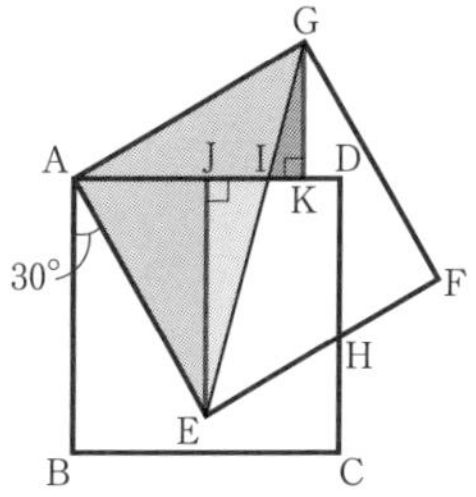

$\triangle AEJ$ で，$\angle AJE=90°$，$\angle JAE=60°$，$AE=\sqrt{3}$ であるから，$EJ=\frac{\sqrt{3}}{2}AE=\frac{3}{2}$

$\triangle GAK$ で，$\angle GKA=90°$，$\angle GAK=30°$，$AG=\sqrt{3}$ であるから，$GK=\frac{1}{2}AG=\frac{\sqrt{3}}{2}$

よって，$EJ:GK=\frac{3}{2}:\frac{\sqrt{3}}{2}=3:\sqrt{3}$ ……⑥

ゆえに，⑤，⑥より，$\frac{IE}{GI}=\frac{EJ}{GK}=\frac{3}{\sqrt{3}}=\sqrt{3}$

5 ◉空間図形，三平方の定理，平行線と比◉

答 (1) $2\sqrt{2}$ cm　(2) $\sqrt{7}$ cm^2

解法 (1) 円すいの底面の中心を C，円柱の上の底面の中心を D とする。

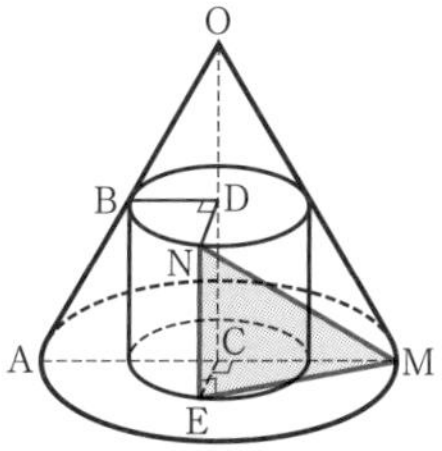

円すいの底面の周の長さは，$2\times\pi\times2=4\pi$ (cm) で，

円柱の底面の周の長さは，$2\times\pi\times1=2\pi$ (cm) である。

点 P は，出発してから 2 秒後に 2πcm 移動しているから，円周をちょうど半周する。

よって，AM は円すいの底面の直径になる。

点 Q は，出発してから 2 秒後に $\frac{\pi}{2}$cm 移動しているから，円周をちょうど $\frac{1}{4}$ 周する。　よって，$\angle BDN=90°$

点MとNを結び，Nから底面に垂線NEをひく。また，点EとMを結ぶ。
△CEMで，∠ECM＝90°，CM＝2，CE＝1 であるから，
$EM=\sqrt{CM^2+CE^2}=\sqrt{2^2+1^2}=\sqrt{5}$
BD∥AC より，OD：OC＝BD：AC＝1：2
$OC=2\sqrt{3}$ であるから，$OD:2\sqrt{3}=1:2$　　$OD=\sqrt{3}$
ゆえに，$NE=DC=OC-OD=2\sqrt{3}-\sqrt{3}=\sqrt{3}$
△NEMで，∠NEM＝90° であるから，
$MN=\sqrt{NE^2+EM^2}=\sqrt{(\sqrt{3})^2+(\sqrt{5})^2}=2\sqrt{2}$

確認 中心角の大きさと弧の長さの関係

右の図で，円Oの半径をrとする。点Xは点Sを出発し，反時計まわりに円Oの周上を動く。

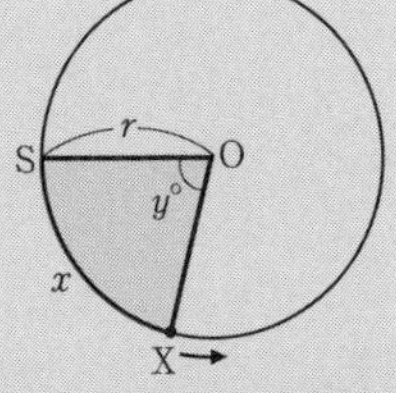

$\overset{\frown}{SX}=x$，$\angle SOX=y°$ とするとき，$\overset{\frown}{SX}$ の長さは ∠SOX の大きさに比例するから，
$x:y=2\pi r:360=\pi r:180$
$r=2$，$x=2\pi$ のとき，
$2\pi:y=2\pi:180$　　$y=180$
このとき，SXは円Oの直径になる。
$r=1$，$x=\dfrac{\pi}{2}$ のとき，
$\dfrac{\pi}{2}:y=\pi:180$　　$y=90$
このとき，∠SOX＝90° となる。

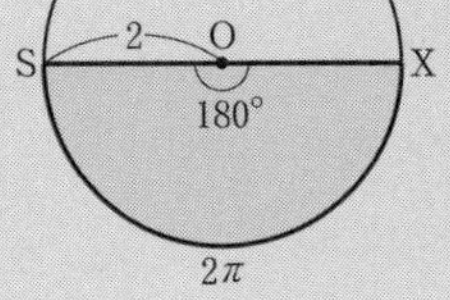

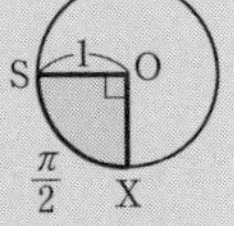

解法 (2) △OACで，∠OCA＝90°，$OC=2\sqrt{3}$，AC＝2 であるから，$OA=\sqrt{OC^2+AC^2}=\sqrt{(2\sqrt{3})^2+2^2}=4$

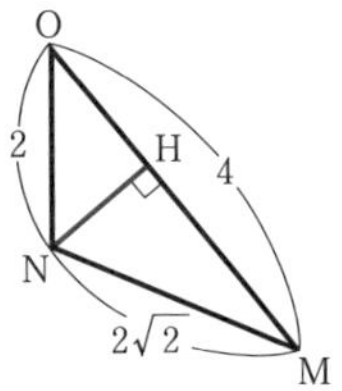

よって，$OB=\dfrac{1}{2}OA=2$
△OMNで，ON＝OB＝2，OM＝OA＝4，$MN=2\sqrt{2}$
点Nから辺OMに垂線NHをひく。
OH＝$x$cm とすると，$MH=OM-OH=4-x$
△NOHで，∠NHO＝90° であるから，
$NH^2=ON^2-OH^2=2^2-x^2=4-x^2$
△NHMで，∠NHM＝90° であるから，
$NH^2=MN^2-MH^2=(2\sqrt{2})^2-(4-x)^2=-8+8x-x^2$
ゆえに，$4-x^2=-8+8x-x^2$　　$12=8x$　　$x=\dfrac{3}{2}$
よって，$NH=\sqrt{4-\left(\dfrac{3}{2}\right)^2}=\dfrac{\sqrt{7}}{2}$
ゆえに，$\triangle OMN=\dfrac{1}{2}\times OM\times NH=\sqrt{7}$

stage 10

1 ◉点の移動と面積，三平方の定理，2 次方程式◉

答 (1) $4\sqrt{3}$ cm

(2) $0<x\leqq 4$ のとき $y=\dfrac{\sqrt{3}}{2}x(8-x)$，$4\leqq x<8$ のとき $y=\dfrac{\sqrt{3}}{2}(8-x)^2$

(3) $x=3,\ 8-\sqrt{15}$

解法 (1) △ABC は正三角形であるから，求める垂線の長さは，$\dfrac{\sqrt{3}}{2}\mathrm{AB}=4\sqrt{3}$

解法 (2) (i) $0<x\leqq 4$ のとき，点 P は辺 AB 上に，点 Q は辺 BC 上にある。

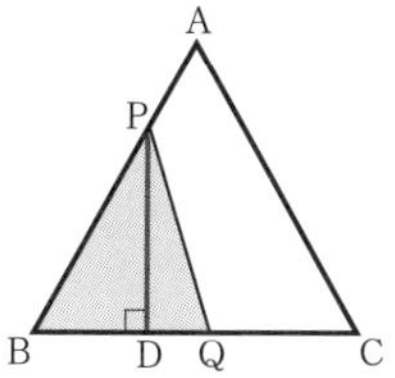

$\mathrm{PB}=\mathrm{AB}-\mathrm{AP}=8-x$　　$\mathrm{BQ}=2x$

点 P から辺 BC に垂線 PD をひく。

△PBD で，∠PDB＝90°，∠PBD＝60° であるから，

$\mathrm{PD}=\dfrac{\sqrt{3}}{2}\mathrm{PB}=\dfrac{\sqrt{3}}{2}(8-x)$

$\triangle\mathrm{PBQ}=\dfrac{1}{2}\times\mathrm{BQ}\times\mathrm{PD}=\dfrac{1}{2}\times 2x\times\dfrac{\sqrt{3}}{2}(8-x)=\dfrac{\sqrt{3}}{2}x(8-x)$

ゆえに，$y=\dfrac{\sqrt{3}}{2}x(8-x)$

(ii) $4\leqq x<8$ のとき，点 P は辺 AB 上に，点 Q は辺 CA 上にある。

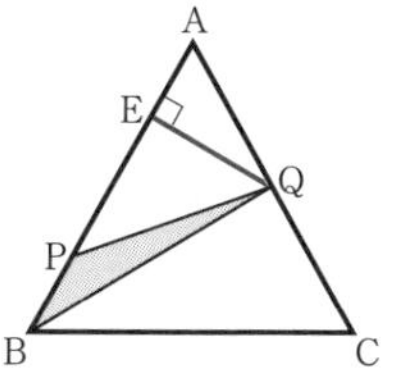

$\mathrm{PB}=8-x$　　$\mathrm{AQ}=\mathrm{BC}+\mathrm{CA}-2x=16-2x$

点 Q から辺 AB に垂線 QE をひく。

△QAE で，∠QEA＝90°，∠QAE＝60° であるから，

$\mathrm{QE}=\dfrac{\sqrt{3}}{2}\mathrm{AQ}=\dfrac{\sqrt{3}}{2}(16-2x)=\sqrt{3}(8-x)$

$\triangle\mathrm{PBQ}=\dfrac{1}{2}\times\mathrm{PB}\times\mathrm{QE}=\dfrac{1}{2}\times(8-x)\times\sqrt{3}(8-x)=\dfrac{\sqrt{3}}{2}(8-x)^2$

ゆえに，$y=\dfrac{\sqrt{3}}{2}(8-x)^2$

解法 (3) $y=\dfrac{15\sqrt{3}}{2}$ となる x の値を求める。

(i) $0<x\leqq 4$ のとき，$\dfrac{\sqrt{3}}{2}x(8-x)=\dfrac{15\sqrt{3}}{2}$　　$x^2-8x+15=0$

$(x-3)(x-5)=0$　　$x=3,\ 5$　　$0<x\leqq 4$ より，$x=3$

(ii) $4\leqq x<8$ のとき，$\dfrac{\sqrt{3}}{2}(8-x)^2=\dfrac{15\sqrt{3}}{2}$　　$(8-x)^2=15$

$8-x=\pm\sqrt{15}$　　$x=8\pm\sqrt{15}$　　$4\leqq x<8$ より，$x=8-\sqrt{15}$

ゆえに，(i)，(ii)より，$x=3,\ 8-\sqrt{15}$

……▶ 6

2 ◉整数の性質，2 次方程式，1 次方程式◉

答 (1) $n=2025$，3025 (2) $n=9801$

解法 $n=100a+b$ と表すことができるから，$(a+b)^2=100a+b$

(1) $b=25$ より，$(a+25)^2=100a+25$　$a^2-50a+600=0$　$(a-20)(a-30)=0$

$a=20$，30　a は自然数であるから，$a=20$，30

$a=20$ のとき，$n=100\times20+25=2025$

$a=30$ のとき，$n=100\times30+25=3025$

> **確認** 自然数の表し方
>
> 4 けたの自然数 n の千の位の数字を p，百の位の数字を q，十の位の数字を r，一の位の数字を s とすると，
>
> $$n=p\times10^3+q\times10^2+r\times10+s$$
>
> と表すことができる。このような表現を展開記数法という。

解法 (2) $a+b=99$，$b=99-a$ を $(a+b)^2=100a+b$ に代入して，

$99^2=100a+(99-a)$　$99a=99(99-1)$　$a=98$

よって，$b=99-98=1$

ゆえに，$n=100\times98+1=9801$

3 ◉相似，円周角と中心角，三平方の定理◉

答 (1) △ABC と △EDF において，

AB は円 O の直径であるから，∠ACB＝90°

AE⊥CD（仮定）より，∠EFD＝90°

よって，∠ACB＝∠EFD ……①

△OAC は，OA＝OC の二等辺三角形であるから，∠BAC＝∠ACD

∠ACD＝∠AED（$\overset{\frown}{AD}$ に対する円周角）

よって，∠BAC＝∠DEF ……②

ゆえに，①，②より，△ABC∽△EDF（2 角）

(2) (i) DE＝$2\sqrt{7}$，EF＝$\dfrac{3\sqrt{7}}{2}$　(ii) $\dfrac{27\sqrt{7}}{4}$

解法 (2) (i) 点 A と D を結ぶ。

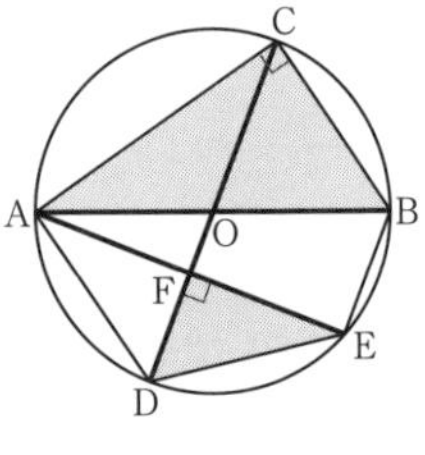

……▶37

△ADC で，CD は円 O の直径であるから，∠DAC＝90°

CD＝AB＝8 より，AD＝$\sqrt{CD^2-AC^2}=\sqrt{8^2-6^2}=2\sqrt{7}$

CD⊥AE より，$\overset{\frown}{AD}=\overset{\frown}{ED}$

よって，AD＝ED であるから，DE＝$2\sqrt{7}$

△ABC∽△EDF より，AC：EF＝AB：ED であるから，

6：EF＝8：$2\sqrt{7}$

ゆえに，EF＝$\dfrac{3\sqrt{7}}{2}$

確認 弧と弦

1つの円，または半径の等しい円で，長さの等しい弧に対する弦の長さは等しい。

右の図で，$\overset{\frown}{AB}=\overset{\frown}{CD}$　ならば　AB＝CD

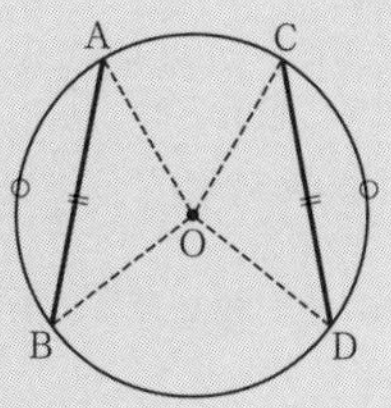

(ii) △AEB で，AB は円 O の直径であるから，∠AEB＝90°

$AE=2EF=3\sqrt{7}$　より，$BE=\sqrt{AB^2-AE^2}=\sqrt{8^2-(3\sqrt{7})^2}=1$

AE⊥CD，AE⊥BE　より，BE∥CD

よって，四角形 BCDE は台形である。

ゆえに，$(\text{四角形 BCDE})=\frac{1}{2}\times(BE+CD)\times EF=\frac{27\sqrt{7}}{4}$

4 ◉1次関数，2次方程式◉

答 (1) $F\left(1,\ \frac{11}{2}\right)$　(2) $P\left(\frac{1}{2},\ \frac{7}{2}\right)$

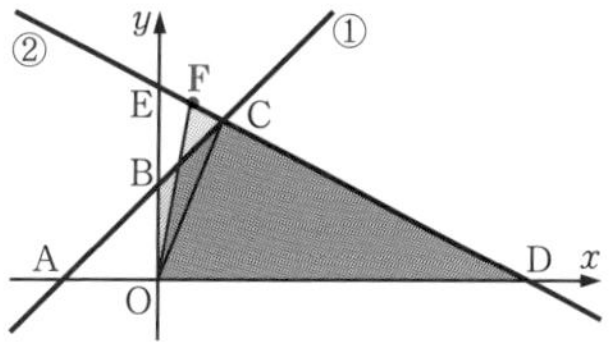

解法 (1) $y=x+3$ ……①

$y=-\frac{1}{2}x+6$ ……②

①，②を連立させて解くと，$x=2$，$y=5$

よって，C(2，5)

また，①より，B(0，3)

②に $y=0$ を代入して，$0=-\frac{1}{2}x+6$　　$x=12$

よって，D(12，0)

OB＝3 より，$\triangle BOC=\frac{1}{2}\times3\times2=3$

OD＝12 より，$\triangle COD=\frac{1}{2}\times12\times5=30$

(四角形 ODCB)＝△BOC＋△COD＝33

点 F は直線②上にあるから，F の座標を $\left(t,\ -\frac{1}{2}t+6\right)$ とおくと，

$\triangle ODF=\frac{1}{2}\times12\times\left(-\frac{1}{2}t+6\right)=-3t+36$

よって，$-3t+36=33$　　$t=1$

ゆえに，$F\left(1,\ \frac{11}{2}\right)$

}＊

別解 (1) ＊部分は，次のように求めてもよい。
△OBC＝△OFC であるから，点 F は点 B を通り直線 OC に平行な直線と，②との交点である。 ……▶29

直線 OC の傾きが $\frac{5}{2}$ であるから，直線 BF の式は，$y=\frac{5}{2}x+3$ ……③

②，③を連立させて解くと，$x=1$，$y=\frac{11}{2}$

ゆえに，$F\left(1,\ \frac{11}{2}\right)$

解法 (2) 点 P は直線①上にあるから，P の座標を $(p,\ p+3)$ とおく。
②に $y=p+3$ を代入して，

$p+3=-\frac{1}{2}x+6$　　$x=6-2p$

よって，$S(6-2p,\ p+3)$

$PS=(6-2p)-p=-3(p-2)$　　$PQ=p+3$

四角形 PQRS は長方形であるから，

(四角形 PQRS)$=PS\times PQ=-3(p-2)(p+3)$

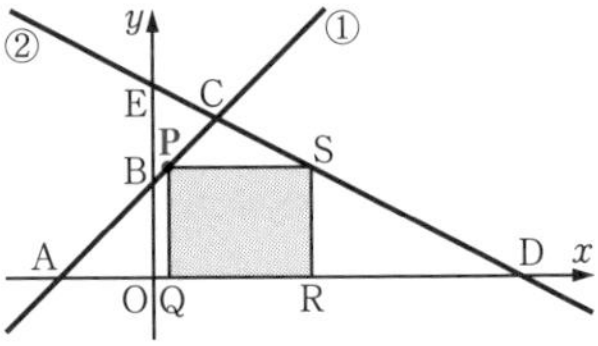

よって，$-3(p-2)(p+3)=\frac{63}{4}$　　$4p^2+4p-3=0$　　$(2p+3)(2p-1)=0$ ……▶4

$p=-\frac{3}{2}$，$\frac{1}{2}$　　$0<p<2$ より，$p=\frac{1}{2}$

ゆえに，$P\left(\frac{1}{2},\ \frac{7}{2}\right)$

5 ◉空間図形，立体の体積，三平方の定理，平行線と比◉

答 (1) 10　(2) 5　(3) $12\sqrt{3}$　(4) $2\sqrt{19}$

解法 (1) △OAC で，∠OAC＝90° であるから，

$OC=\sqrt{OA^2+AC^2}=\sqrt{8^2+6^2}=10$

解法 (2) P は直角三角形 OAC の斜辺 OC の中点である。
直角三角形の斜辺の中点は，3 つの頂点から等距離にあるから，

$AP=OP=CP=5$

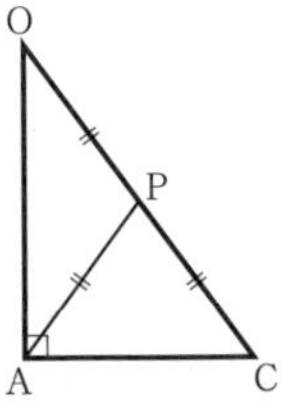

確認 直角三角形の外接円の中心

直角三角形の外接円の中心は，斜辺の中点である。
ゆえに，直角三角形 ABC で，斜辺 BC の中点を O とすると，

$OA=OB=OC$

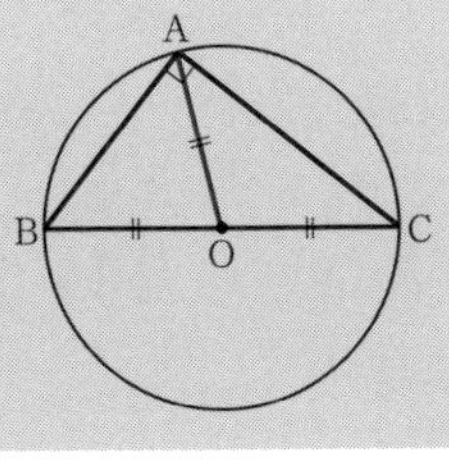

→31

解法 (3) 点Pから底面ABCに垂線PHをひくと，Pは辺OCの中点であるから，中点連結定理の逆より，Hは辺ACの中点である。

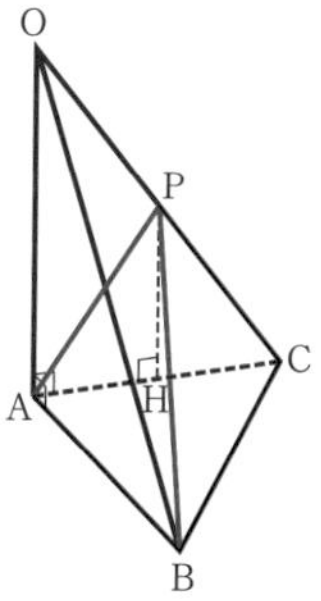

△OACで，OP＝PC，AH＝HC

よって，中点連結定理より，$PH=\frac{1}{2}OA=4$

△ABCは1辺の長さが6の正三角形であるから，

$\triangle ABC=\frac{1}{2}\times AB\times\frac{\sqrt{3}}{2}AB=9\sqrt{3}$

ゆえに，(三角すいP–ABCの体積)$=\frac{1}{3}\times\triangle ABC\times PH=12\sqrt{3}$

解法 (4) △OBCで，OP＝PC，OQ＝QB であるから，

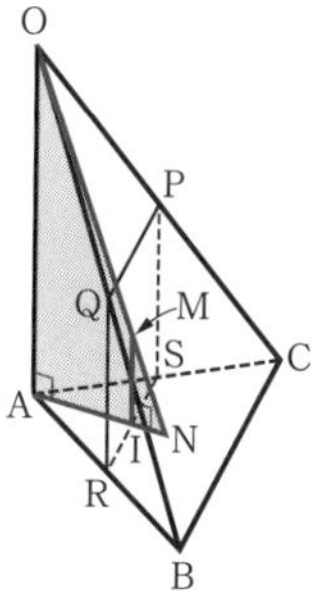

中点連結定理より，$QP=\frac{1}{2}BC=3$

同様に，△ABCで，AR＝RB，AS＝SC であるから，

$RS=\frac{1}{2}BC=3$

△BOAで，BQ＝QO，BR＝RA であるから，

$QR=\frac{1}{2}OA=4$

よって，四角形PQRSは辺の長さが3，4の長方形である。

対角線の交点Mから底面ABCに垂線MIをひくと，Iは辺RSの中点になる。

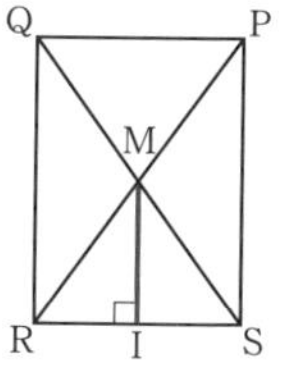

ゆえに，$MI=\frac{1}{2}QR=2$

△ARSは正三角形で，Iは辺RSの中点であるから，

$AI=\frac{\sqrt{3}}{2}RS=\frac{3\sqrt{3}}{2}$

$OA\parallel MI$ より，$OA:MI=AN:IN$

$IN=x$ とすると，$AN=AI+IN=\frac{3\sqrt{3}}{2}+x$ であるから，

$8:2=\left(x+\frac{3\sqrt{3}}{2}\right):x$　　$8x=2\left(x+\frac{3\sqrt{3}}{2}\right)$　　$x=\frac{\sqrt{3}}{2}$

よって，$AN=\frac{3\sqrt{3}}{2}+\frac{\sqrt{3}}{2}=2\sqrt{3}$

△OANで，$\angle OAN=90^\circ$ であるから，$ON=\sqrt{OA^2+AN^2}=\sqrt{8^2+(2\sqrt{3})^2}=2\sqrt{19}$

stage 11

1 ◉確率，1次関数◉

答 (1) $\frac{13}{36}$ (2) $\frac{5}{12}$

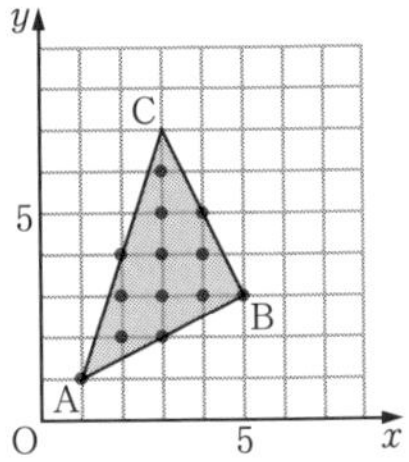

解法 (1) 2つのさいころを投げるとき，目の出方は全部で$6\times6=36$（通り）あり，どの出方も同様に確からしい。
右の図より，点Pが△ABCの周および内部にある目の出方は13通りある。

ゆえに，求める確率は $\frac{13}{36}$

解法 (2) 原点とB(5, 3)を通る直線の式は，

$y=\frac{3}{5}x$ ……①

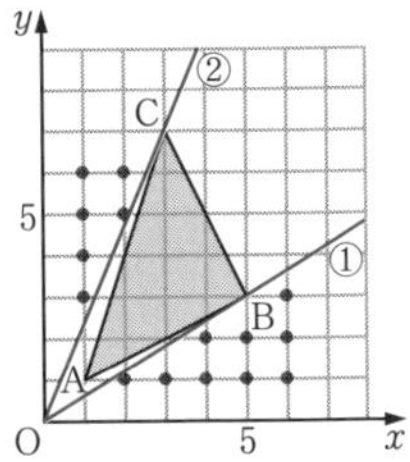

原点とC(3, 7)を通る直線の式は，$y=\frac{7}{3}x$ ……②

直線 $y=\frac{b}{a}x$ が△ABCの頂点を通らず，周とも交わらないのは，直線①より下側にあるか，直線②より上側にある場合である。
右の図より，その目の出方は15通りある。

ゆえに，求める確率は，$\frac{15}{36}=\frac{5}{12}$

確認 **直線と点の位置関係**

点P(p, q)が直線 $y=ax$ の上側にあるか，下側にあるかは，q と ap の値を比較して考える。

(i) $q>ap$ のとき，点Pは直線 $y=ax$ の上側にある。
(ii) $q<ap$ のとき，点Pは直線 $y=ax$ の下側にある。

(2)で，点(2, 5)と直線 $y=\frac{7}{3}x$ の位置関係について考える。

$x=2$ のとき，$y=\frac{7}{3}\times2=\frac{14}{3}$ であるから，$\frac{14}{3}<5$ より，点(2, 5)は直線 $y=\frac{7}{3}x$ の上側にある。

したがって，直線 $y=\frac{5}{2}x$ は△ABCと交わらない。

2 ◉関数 $y=ax^2$，1次関数，等積変形，2次方程式◉

答 (1) $a=1$　(2) 3　(3) -1，$\dfrac{-1\pm\sqrt{17}}{2}$

解法 (1) 点A，Bは $y=ax^2$ のグラフ上にあるから，A$(-2,\ 4a)$，B$(1,\ a)$である。
直線ABの傾きは -1 であるから，$\dfrac{4a-a}{-2-1}=-1$
ゆえに，$a=1$

解法 (2) 直線ABは傾きが -1 でA$(-2,\ 4)$を通るから，直線ABの式は，
$y-4=-\{x-(-2)\}$　　よって，$y=-x+2$
直線ABと y 軸との交点をCとすると，C$(0,\ 2)$
B$(1,\ 1)$より，$\triangle OAB=\triangle OAC+\triangle OBC=\dfrac{1}{2}\times OC\times\{1-(-2)\}=3$

解法 (3) (i) 原点Oを通り直線ABに平行な直線の式は，
$y=-x$
$y=x^2$ のグラフと直線 $y=-x$ との交点のうち，原点と異なる点が求める点Pである。
$y=x^2$ と $y=-x$ を連立させて，
$x^2=-x$　　$x(x+1)=0$　　$x=0,\ -1$
$x\neq 0$ より，$x=-1$
(ii) OC=2 より，点$(0,\ 4)$を通り直線ABに平行な直線の式は，
$y=-x+4$
$y=x^2$ のグラフと直線 $y=-x+4$ との交点が求める点Pである。
$y=x^2$ と $y=-x+4$ を連立させて，

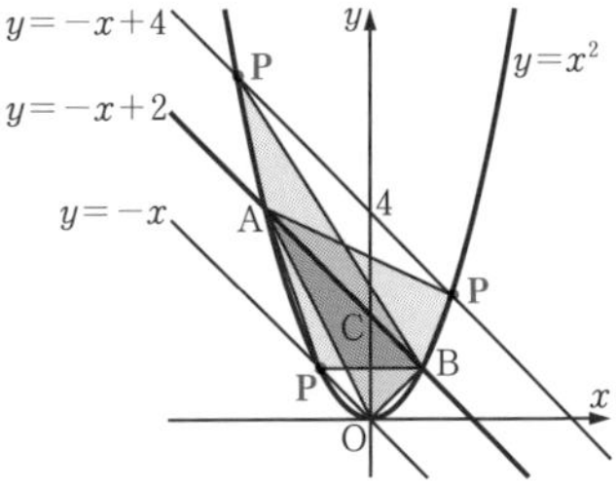

$x^2=-x+4$　　$x^2+x-4=0$　　$x=\dfrac{-1\pm\sqrt{1^2-4\times1\times(-4)}}{2\times1}=\dfrac{-1\pm\sqrt{17}}{2}$

→ 6

ゆえに，(i)，(ii)より，点Pの x 座標は -1，$\dfrac{-1\pm\sqrt{17}}{2}$

確認 等積である三角形

$y=x^2$ のグラフ上に3点O，A，Bと異なる点Pをとって，O，A，Bのうちの2点とPで三角形をつくるとき，その面積が△OABの面積と等しくなるような点Pがいくつあるかを考える。
(i) 点Pが直線ABと平行な直線上にあるとき，
　　△PAB=△OAB
① Pは，点Oを通り直線ABに平行な直線と，$y=x^2$ のグラフとの交点である。(1個)
② Pは，点(0，4)を通り直線ABに平行な直線と，$y=x^2$ のグラフとの交点である。(2個)

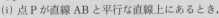

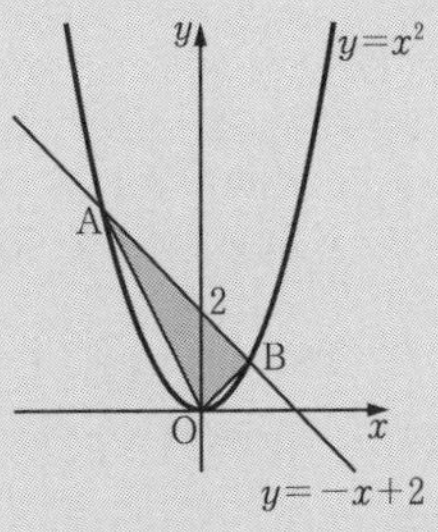

(ii) 点Pが直線OBと平行な直線上にあるとき，

△POB＝△OAB

Pは，点Aを通り直線OBに平行な直線と，$y=x^2$ のグラフとの交点である。（1個）

(iii) 点Pが直線OAと平行な直線上にあるとき，

△PAO＝△OAB

Pは，点Bを通り直線OAに平行な直線と，$y=x^2$ のグラフとの交点である。（1個）

(i)，(ii)，(iii)より，条件を満たす点Pは5個ある。

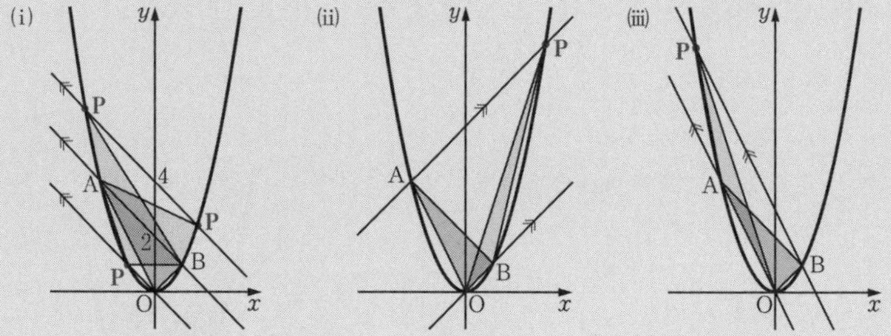

3 ◉空間図形，三平方の定理◉

答 (1) $\dfrac{3\sqrt{3}}{2}$　(2) $6\sqrt{6}$　(3) $\dfrac{9\sqrt{3}}{2}$

解法 (1) P，Q，Rは，それぞれ辺FG，GH，CGの中点であるから，△PQRは正三角形である。

また，△PGQは，∠PGQ＝90°，$PG=GQ=\dfrac{1}{2}FG=\sqrt{3}$ の直角二等辺三角形であるから，$PQ=\sqrt{2}\,PG=\sqrt{6}$

ゆえに，$\triangle PQR=\dfrac{1}{2}\times PQ\times\dfrac{\sqrt{3}}{2}PQ=\dfrac{3\sqrt{3}}{2}$

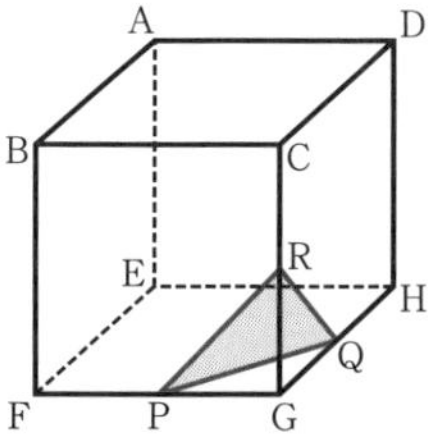

解法 (2) AT // DR，DR // SG であるから，AT // SG

ゆえに，4点A，T，G，Sは同一平面上にある。

S，Tは，それぞれ辺DH，BFの中点であるから，

AT＝TG＝GS＝SA

よって，四角形ATGSはひし形である。

線分AGは立方体の対角線であるから，

$AG=\sqrt{3}\,AB=6$

また，$TS=BD=\sqrt{2}\,AB=2\sqrt{6}$

ゆえに，(四角形ATGS)$=\dfrac{1}{2}\times AG\times TS=6\sqrt{6}$

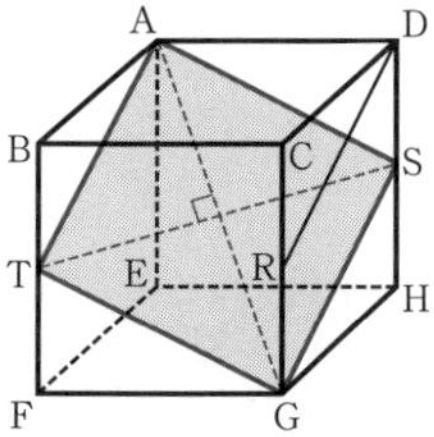

→23

解法 (3) P，Q，S，Tは，それぞれ辺FG，GH，DH，BFの中点であるから，

$TP=PQ=QS=\sqrt{6}$

また，PQ // TSより，四角形PQSTは等脚台形である。

点 P から線分 TS に垂線 PK をひく。

$TK=\frac{1}{2}\times(TS-PQ)=\frac{1}{2}\times(2\sqrt{6}-\sqrt{6})=\frac{\sqrt{6}}{2}$

△TPK で，∠TKP＝90° であるから，

$PK=\sqrt{PT^2-TK^2}=\sqrt{(\sqrt{6})^2-\left(\frac{\sqrt{6}}{2}\right)^2}=\frac{3\sqrt{2}}{2}$

ゆえに，（四角形 PQST）$=\frac{1}{2}\times(PQ+TS)\times PK=\frac{9\sqrt{3}}{2}$

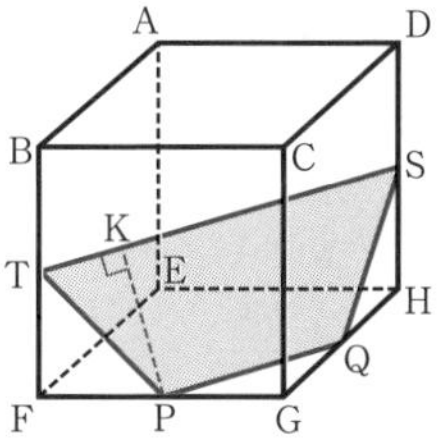

4 ◉関数 $y=ax^2$，1 次関数，2 次方程式，1 次方程式◉

答 (1) $y=2x^2$　(2) 8 m　(3) 2 秒後，3 秒後，6 秒後，18.8 秒後

解法 (1) y は x^2 に比例するから，$y=ax^2$ と表すことができる。
点 P は 5 秒後に点 A を通過するから，$50=a\times5^2$ より，$a=2$
よって，$y=2x^2$
点 P が点 B に到着するとき $y=200$ であるから，
$2x^2=200$　　$x=\pm10$　　$x\geqq0$ より，$x=10$
したがって，点 P が点 B に到着するのは，点 O を出発してから 10 秒後である。
ゆえに，$0\leqq x\leqq10$ のとき，$y=2x^2$

解法 (2) 点 Q が点 O を出発してから x 秒間に進む距離を y m とすると，y は x に比例するから，$y=bx$ と表すことができる。
点 Q は 5 秒後に点 A を通過するから，$50=b\times5$ より，$b=10$
よって，$y=10x$
したがって，点 O を出発してから 4 秒間に，点 P は $y=2\times4^2=32$（m）進み，
点 Q は $y=10\times4=40$（m）進む。
ゆえに，2 点 P，Q 間の距離は，$40-32=8$（m）

解法 (3) 点 Q が点 B に到着するとき $y=200$ であるから，
$10x=200$　　$x=20$
したがって，点 Q が点 B に到着するのは，点 O を出発してから 20 秒後である。
よって，点 P については，$0\leqq x\leqq10$ のとき $y=2x^2$，$x\geqq10$ のとき $y=200$
点 Q については，$0\leqq x\leqq20$ のとき $y=10x$，$x\geqq20$ のとき $y=200$
点 P，Q が点 B 以外で同じ位置にあるとき，
$2x^2=10x$　　$x(x-5)=0$　　$x=0,\ 5$
したがって，点 P，Q が点 B 以外で同じ位置にあるのは，点 O を出発してから 0 秒後（出発するとき）と 5 秒後である。
$0\leqq x\leqq5$ のとき，$PQ=10x-2x^2$ より，
$10x-2x^2=12$　　$x^2-5x+6=0$　　$(x-2)(x-3)=0$
$x=2,\ 3$　　$0\leqq x\leqq5$ より，$x=2,\ 3$
$5\leqq x\leqq10$ のとき，$PQ=2x^2-10x$ より，
$2x^2-10x=12$　　$x^2-5x-6=0$　　$(x+1)(x-6)=0$
$x=-1,\ 6$　　$5\leqq x\leqq10$ より，$x=6$
$10\leqq x\leqq20$ のとき，$PQ=200-10x$ より，
$200-10x=12$　　$x=18.8$　　$10\leqq x\leqq20$ より，$x=18.8$
ゆえに，$x=2,\ 3,\ 6,\ 18.8$

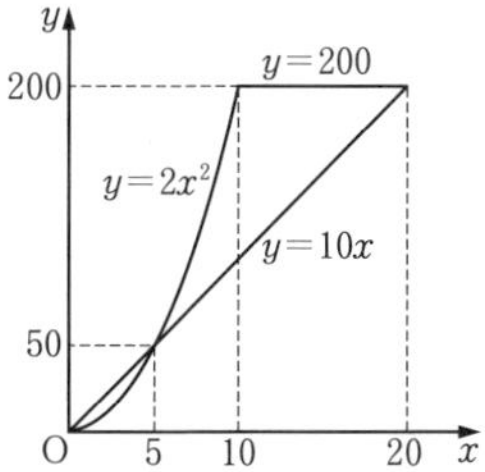

5 ◉平行線と比，三平方の定理◉

答 (1) $5\sqrt{2}$　(2) $10-5\sqrt{2}$　(3) $\dfrac{2-\sqrt{2}}{2}$

解法 (1) DE は $\angle ADC=90°$ の二等分線であるから，$\angle ADE=45°$
$\angle DAE=90°$ より，△AED は直角二等辺三角形である。
線分 DF を折り目として折ると，点 C と E が重なるから，$DE=DC=10$
ゆえに，$AD=\dfrac{1}{\sqrt{2}}DE=5\sqrt{2}$

解法 (2) $\angle EBF=90°$
$\angle BEF=180°-(\angle DEF+\angle AED)=180°-(90°+45°)=45°$
ゆえに，△BEF は直角二等辺三角形であるから，
$BF=BE=AB-AE=AB-AD=10-5\sqrt{2}$

別解 (2) $AE=AD=5\sqrt{2}$
$BF=x$ とすると，$EF=CF=BC-BF=5\sqrt{2}-x$
$BE=AB-AE=10-5\sqrt{2}$
△EBF で，$\angle EBF=90°$ であるから，$EF^2=BF^2+BE^2$
よって，$(5\sqrt{2}-x)^2=x^2+(10-5\sqrt{2})^2$
$50-10\sqrt{2}x+x^2=x^2+100-100\sqrt{2}+50$
ゆえに，$x=10-5\sqrt{2}$

解法 (3) 点 E を通り辺 AD に平行な直線をひき，線分 AF との交点を H とする。

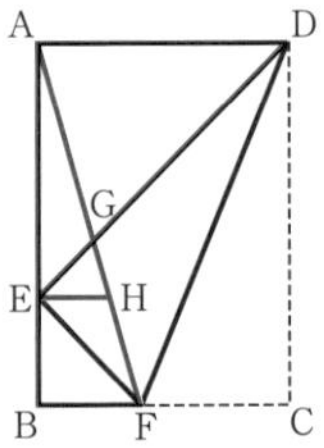

EH∥BF より，AE：AB＝EH：BF
$AE=5\sqrt{2}$，$AB=10$，$BF=10-5\sqrt{2}$ であるから，
$5\sqrt{2}:10=EH:(10-5\sqrt{2})$　　$EH=5\sqrt{2}-5$
また，EH∥AD より，EG：DG＝EH：DA であるから，
$EG:DG=(5\sqrt{2}-5):5\sqrt{2}$
ゆえに，$\dfrac{EG}{GD}=\dfrac{5\sqrt{2}-5}{5\sqrt{2}}=\dfrac{2-\sqrt{2}}{2}$

stage 12

1 ◉1次関数，三平方の定理，2次方程式◉

答 (1) $y=2x$　(2) $y=\frac{3}{4}x$　(3) $1\leqq m\leqq 3$　(4) $\frac{5}{4}\pi$

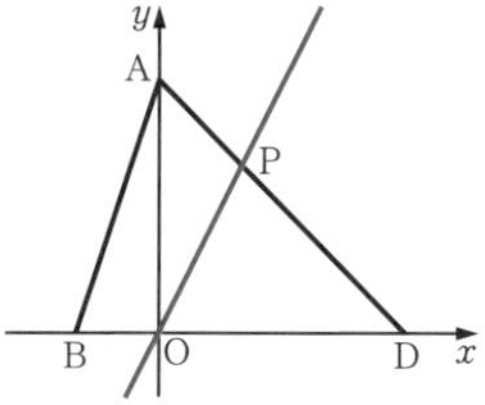

解法 (1) BD$=3-(-1)=4$，OA$=3$ より，

$\triangle ABD=\frac{1}{2}\times BD\times OA=6$

求める直線と辺ADとの交点をPとし，そのy座標をpとすると，OD$=3$ より，

$\triangle OPD=\frac{1}{2}\times OD\times p=\frac{3}{2}p$

$\triangle OPD=\frac{1}{2}\triangle ABD$ であるから，

$\frac{3}{2}p=\frac{1}{2}\times 6$　　$p=2$

また，A(0，3)，D(3，0)を通る直線は，傾きが $\frac{0-3}{3-0}=-1$，y切片が3であるから，直線ADの式は，$y=-x+3$

点Pは直線AD上にあるから，$2=-x+3$ より，$x=1$　　よって，P(1，2)

ゆえに，求める直線の式は，原点を通り傾きが2であるから，$y=2x$

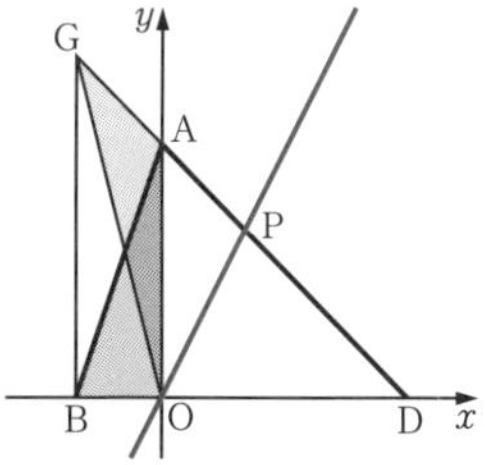

別解 (1) 点Bを通りy軸に平行な直線と，直線ADとの交点をGとすると，

$\triangle ABO=\triangle AGO$

よって，$\triangle ABD=\triangle ABO+\triangle AOD$

$=\triangle AGO+\triangle AOD=\triangle OGD$ ……①

また，A(0，3)，D(3，0)を通る直線は，傾きが

$\frac{0-3}{3-0}=-1$，y切片が3であるから，直線ADの式は，

$y=-x+3$

点Gは直線AD上にあるから，$y=-(-1)+3=4$

よって，G(-1，4)

線分GDの中点をP(a，b)とすると，$a=\frac{-1+3}{2}=1$，$b=\frac{4+0}{2}=2$

よって，P(1，2)

直線OPは△OGDの面積を2等分するから，$\triangle OPD=\frac{1}{2}\triangle OGD$

①より，$\triangle OPD=\frac{1}{2}\triangle ABD$

ゆえに，求める直線の式は，原点を通り傾きが2であるから，$y=2x$

解法 (2) 長方形CDEFの面積を2等分する直線は，長方形の対角線の交点を通る。長方形CDEFの対角線の交点をH(c，d)とすると，Hは対角線CEの中点である。

C(1, 0), E(3, 3) より, $c=\dfrac{1+3}{2}=2$, $d=\dfrac{0+3}{2}=\dfrac{3}{2}$

よって, $H\left(2,\ \dfrac{3}{2}\right)$

ゆえに, 求める直線の式は, 原点を通り傾きが $\dfrac{3}{4}$ である

から, $y=\dfrac{3}{4}x$

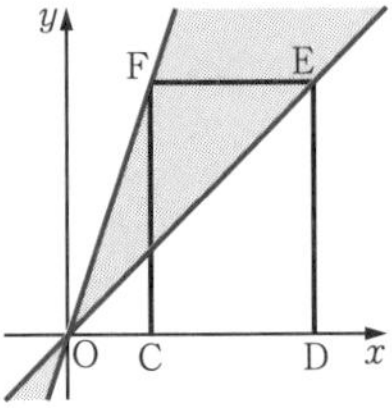

解法 (3) E(3, 3), F(1, 3) より, 直線 OE の傾きは 1,
直線 OF の傾きは 3 である。
ゆえに, $1 \leqq m \leqq 3$

解法 (4) 点 F から直線 $y=\dfrac{1}{2}x$ に垂線 FI をひき, 点 I の

座標を $\left(k,\ \dfrac{1}{2}k\right)$ とおく。

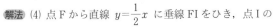

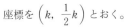

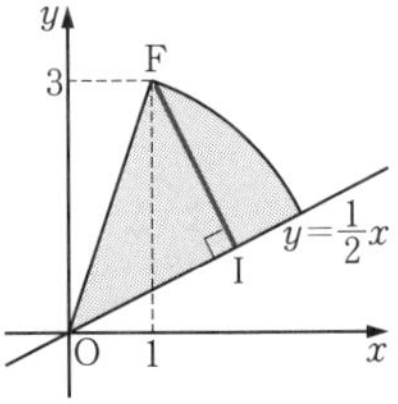

$OF^2=(1-0)^2+(3-0)^2=10$

$OI^2=(k-0)^2+\left(\dfrac{1}{2}k-0\right)^2=\dfrac{5}{4}k^2$

$FI^2=(k-1)^2+\left(\dfrac{1}{2}k-3\right)^2=\dfrac{5}{4}k^2-5k+10$

△OIF で, ∠OIF$=90°$ であるから, $OF^2=OI^2+FI^2$

よって, $10=\dfrac{5}{4}k^2+\left(\dfrac{5}{4}k^2-5k+10\right)$　　$k^2-2k=0$　　$k(k-2)=0$　　$k=0,\ 2$

$k>0$ より, $k=2$

ゆえに, $OI^2=\dfrac{5}{4}\times 2^2=5$　　$FI^2=\dfrac{5}{4}\times 2^2-5\times 2+10=5$

よって, △OIF は OI＝FI の直角二等辺三角形であるから, ∠FOI$=45°$

ゆえに, 求めるおうぎ形の面積は, $\pi\times OF^2\times\dfrac{45}{360}=\dfrac{5}{4}\pi$

……▶19

2 ◉整数の性質, 不等式◉

答 (1) 2×3×5×29 (2) 16 個, 2160 (3) 4 個

解法 (2) 正の約数は,
1, 2, 3, 5, 29,
2×3＝6, 2×5＝10, 2×29＝58, 3×5＝15, 3×29＝87, 5×29＝145,
2×3×5＝30, 2×3×29＝174, 2×5×29＝290, 3×5×29＝435,
2×3×5×29＝870
ゆえに, 正の約数の個数は 16 個である。
それらの総和を求めると, 2160

別解 (2) $870=2^1\times 3^1\times 5^1\times 29^1$ である。
正の約数の個数は,
(1＋1)(1＋1)(1＋1)(1＋1)＝16 (個)
正の約数の総和は,
(1＋2)(1＋3)(1＋5)(1＋29)＝2160

確認 整数の約数について

整数 n を素因数分解すると，$n=a^p \times b^q \times c^r$（$a$，$b$，$c$ は異なる素数）であるとき，
整数 n の正の約数の個数は，

$(p+1)(q+1)(r+1)$ 個

整数 n の正の約数の総和は，

$(1+a+a^2+\cdots+a^p)(1+b+b^2+\cdots+b^q)(1+c+c^2+\cdots+c^r)$

たとえば，360 を素因数分解すると，$360=2^3 \times 3^2 \times 5$ である。
360 の正の約数の個数は，

$(3+1)(2+1)(1+1)=24$（個）

360 の正の約数の総和は，

$(1+2+2^2+2^3)(1+3+3^2)(1+5)=1170$

解法 (3) $870=87 \times 2 \times 5$
最大公約数が 87 となる 3 けたの正の整数を $87m$（m は整数）とおくと，
$100 \leqq 87m \leqq 999$ より，$\frac{100}{87} \leqq m \leqq \frac{999}{87}$　　$1\frac{13}{87} \leqq m \leqq 11\frac{42}{87}$
よって，m は $2 \leqq m \leqq 11$ を満たし，2 でも 5 でも割りきれない整数であるから，
$m=3，7，9，11$
ゆえに，求める 3 けたの正の整数は 4 個ある。

3 ◉三角形の面積の比，三平方の定理◉

答 (1) $2\sqrt{5}$　(2) $\frac{9}{5}$

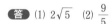

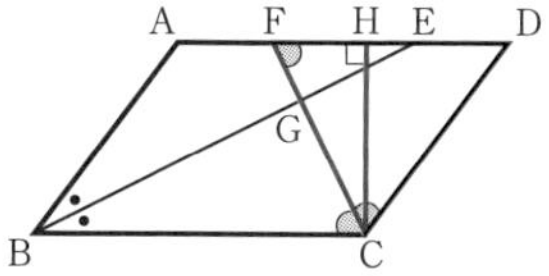

解法 (1) 点 C から辺 AD に垂線 CH をひく。
▱ABCD＝BC×CH より，28＝7CH　　CH＝4
BC∥AD より，∠BCF＝∠DFC（錯角）
∠BCF＝∠DCF
よって，∠DCF＝∠DFC
ゆえに，△CDF は DC＝DF の二等辺三角形である。
よって，DF＝DC＝AB＝5
△CDH で，∠CHD＝90° であるから，$DH=\sqrt{CD^2-CH^2}=\sqrt{5^2-4^2}=3$
ゆえに，FH＝DF－DH＝5－3＝2
△CHF で，∠CHF＝90° であるから，$CF=\sqrt{CH^2+FH^2}=\sqrt{4^2+2^2}=2\sqrt{5}$

解法 (2) BC∥AD より，∠CBE＝∠AEB（錯角）
∠ABE＝∠CBE
よって，∠ABE＝∠AEB
ゆえに，△ABE は AB＝AE の二等辺三角形である。
よって，AE＝AB＝5
DF＝5 より，EF＝AE＋DF－AD＝5＋5－7＝3
ゆえに，FE：FD＝3：5 ……①
FE∥BC より，FG：CG＝EF：BC＝3：7
ゆえに，FG：FC＝3：10 ……②

△EFG と △DFC は ∠F を共有するから，①，②より，

△EFG：△DFC＝FE×FG：FD×FC＝3×3：5×10＝9：50

……▶30

よって，$\triangle EFG=\frac{9}{50}\triangle DFC$

$\triangle DFC=\frac{1}{2}\times DF\times CH=\frac{1}{2}\times 5\times 4=10$

ゆえに，$\triangle EFG=\frac{9}{50}\times 10=\frac{9}{5}$

確認 角を共有する三角形の面積の比

△ABC と △PQR において，∠A＝∠P ならば，

△ABC：△PQR＝AB×AC：PQ×PR

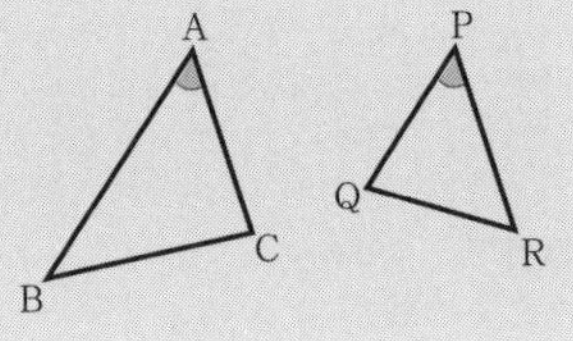

4 ◉連立方程式，2 次方程式◉

答 (1) 3 時間 30 分　(2) 6 km

解法 (1) B 君の速さを時速 b km，A 君と B 君が出発してから，はじめてすれちがうまでの時間を t 時間とする。

$bt+16t=42$ ……①

B 君は $(t+2)$ 時間でコースを 1 周するから，$b(t+2)=42$ より，

$bt+2b=42$ ……②

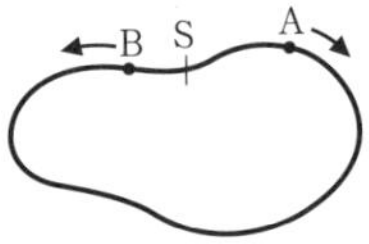

①－② より，$16t-2b=0$　　$b=8t$ ……③

③を①に代入して，$8t\times t+16t=42$　　$4t^2+8t-21=0$

$t=\frac{-8\pm\sqrt{8^2-4\times 4\times(-21)}}{2\times 4}=\frac{-8\pm 20}{8}$　　$t=-\frac{7}{2},\ \frac{3}{2}$

$t>0$ より，$t=\frac{3}{2}$

$\frac{3}{2}+2=3\frac{1}{2}$ より，B 君は 3 時間 30 分でコースを 1 周する。

解法 (2) 1 回目にすれちがうまでの時間が 1 時間 30 分であるから，2 回目にすれちがうのは，さらに 1 時間 30 分後である。

2 回目にすれちがうまでの時間は出発してから 3 時間であるから，

A 君は $16\times 3=48$ (km) 進む。

ゆえに，$48-42=6$ (km)

5 ◉点の移動と面積，関数 $y=ax^2$，1次関数，1次方程式，2次方程式◉

答 (1) $0 \leqq x \leqq 4$ のとき $y=x^2$
$4 \leqq x \leqq 8$ のとき $y=4x$
$8 \leqq x \leqq 12$ のとき $y=-8x+96$
右の図
(2) $y=x^2-20x+96$
(3) $x=\frac{21}{4}$，$\frac{75}{8}$，15

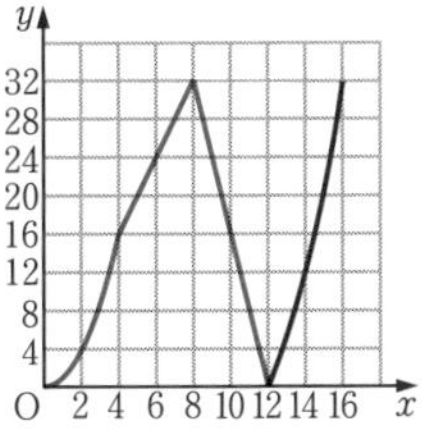

解法 (1)(i) $0 \leqq x \leqq 4$ のとき，点Pは辺AB上に，点Qは辺BC上にある。
AP$=x$　BQ$=2x$
$\triangle \mathrm{APQ}=\frac{1}{2}\times \mathrm{AP}\times \mathrm{QB}=\frac{1}{2}\times x\times 2x=x^2$
ゆえに，$y=x^2$

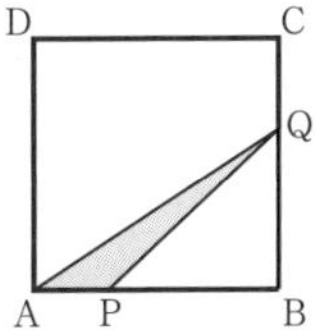

(ii) $4 \leqq x \leqq 8$ のとき，点Pは辺AB上に，点Qは辺CD上にある。
点Qから辺ABに垂線QEをひくと，QE$=8$
$\triangle \mathrm{APQ}=\frac{1}{2}\times \mathrm{AP}\times \mathrm{QE}=\frac{1}{2}\times x\times 8=4x$
ゆえに，$y=4x$

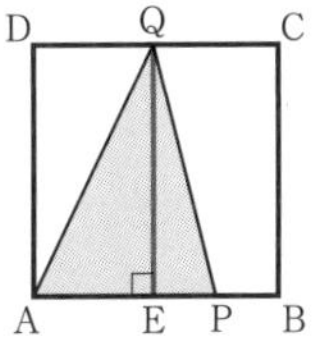

(iii) $8 \leqq x \leqq 12$ のとき，点Pは辺BC上に，点Qは辺DA上にある。
点Pから辺DAに垂線PFをひくと，
QA$=(\mathrm{BC}+\mathrm{CD}+\mathrm{DA})-2x=24-2x$，PF$=8$
$\triangle \mathrm{APQ}=\frac{1}{2}\times \mathrm{QA}\times \mathrm{PF}=\frac{1}{2}\times(24-2x)\times 8=-8x+96$
ゆえに，$y=-8x+96$

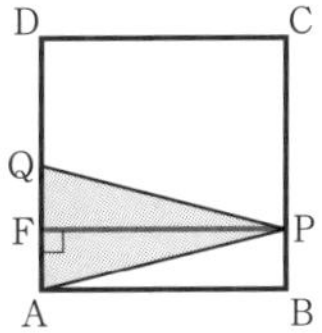

解法 (2) $12 \leqq x \leqq 16$ のとき，点Pは辺BC上に，点Qは辺AB上にある。
AQ$=2x-(\mathrm{BC}+\mathrm{CD}+\mathrm{DA})=2x-24$　PB$=x-\mathrm{AB}=x-8$
$\triangle \mathrm{APQ}=\frac{1}{2}\times \mathrm{AQ}\times \mathrm{PB}=\frac{1}{2}\times(2x-24)\times(x-8)=x^2-20x+96$
ゆえに，$y=x^2-20x+96$

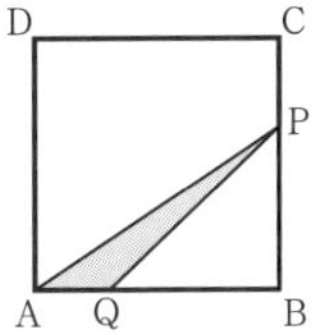

解法 (3) 右のグラフより，$y=21$ となるのは，
$4 \leqq x \leqq 8$ のとき，$4x=21$　よって，$x=\frac{21}{4}$
$8 \leqq x \leqq 12$ のとき，$-8x+96=21$　よって，$x=\frac{75}{8}$
$12 \leqq x \leqq 16$ のとき，$x^2-20x+96=21$
$x^2-20x+75=0$　$(x-5)(x-15)=0$
$x=5$，15　$12 \leqq x \leqq 16$ より，$x=15$
ゆえに，$x=\frac{21}{4}$，$\frac{75}{8}$，15

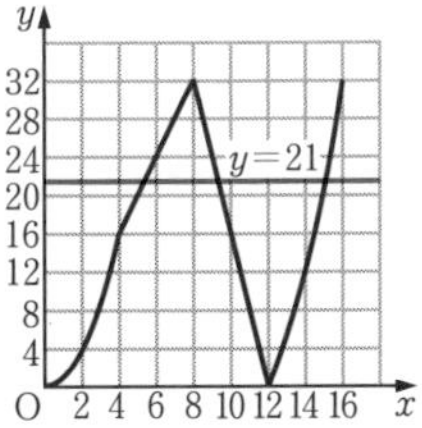

6 ◉空間図形，立体の体積，三平方の定理◉

答 (1)(i) $6\sqrt{5}$　(ii) $6\sqrt{3}+2\sqrt{7}$　(2) $30\sqrt{2}$

解法 点 O から底面 ABCD に垂線をひき，底面との交点を H とすると，H は対角線 AC の中点である。

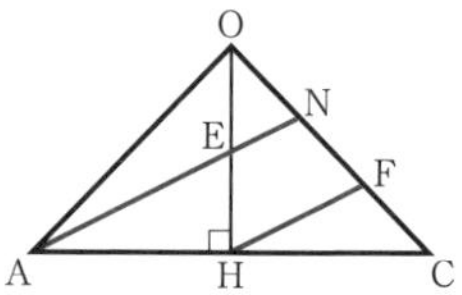

(1) 線分 OH と AN との交点を E，点 H を通り線分 AN に平行な直線と，辺 OC との交点を F とする。
E は線分 ML 上にあるから，線分 OH の中点である。
AC は正方形 ABCD の対角線であるから，
$AC=\sqrt{2}AB=6\sqrt{2}$　　また，$OA=OC=6$
よって，$OA^2+OC^2=AC^2$ であるから，△OAC は ∠AOC＝90° の直角二等辺三角形である。 ……▶44
△OHF で，OE＝EH，EN // HF であるから，中点連結定理の逆より，ON＝NF
同様に，△CAN で，AH＝HC，AN // HF であるから，NF＝FC
ゆえに，$ON=\frac{1}{3}OC=2$

(i) △OAN で，∠AON＝90° であるから，
$AN=\sqrt{OA^2+ON^2}=\sqrt{6^2+2^2}=2\sqrt{10}$

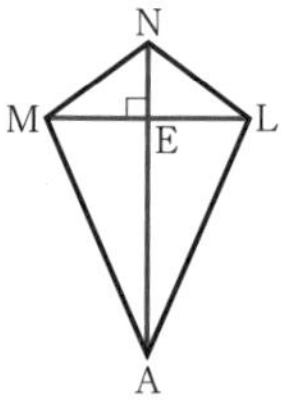

△OBD で，OL＝LB，OM＝MD であるから，中点連結定理より，$LM=\frac{1}{2}BD=\frac{1}{2}\times6\sqrt{2}=3\sqrt{2}$
正四角すい O-ABCD の側面は，1 辺の長さが 6 の正三角形であり，L，M はそれぞれ辺 OB，OD の中点であるから，
AL＝AM
よって，E は二等辺三角形 ALM の中点であるから，
AE⊥LM
よって，AN⊥LM
ゆえに，(四角形 ALNM)$=\frac{1}{2}\times LM\times AN=6\sqrt{5}$

(ii) $AL=AM=\frac{\sqrt{3}}{2}OA=3\sqrt{3}$
点 L から辺 OC に垂線 LG をひく。

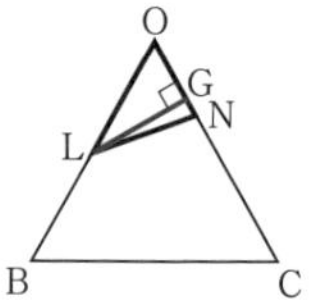

△OLG で，∠OGL＝90°，∠LOG＝60°，OL＝3 であるから，
$LG=\frac{\sqrt{3}}{2}OL=\frac{3\sqrt{3}}{2}$，$OG=\frac{1}{2}OL=\frac{3}{2}$
ON＝2 であるから，$NG=ON-OG=\frac{1}{2}$
△LNG で，∠LGN＝90° であるから，
$LN=\sqrt{LG^2+NG^2}=\sqrt{\left(\frac{3\sqrt{3}}{2}\right)^2+\left(\frac{1}{2}\right)^2}=\sqrt{7}$
同様に，$MN=\sqrt{7}$
ゆえに，求める周の長さは，
$AL+LN+NM+MA=2\times(3\sqrt{3}+\sqrt{7})=6\sqrt{3}+2\sqrt{7}$

解法 (2) $\triangle$OAH は，$\angle$OHA$=90^\circ$，OH$=$AH の直角二等辺三角形であるから，

$\mathrm{OH}=\dfrac{\sqrt{2}}{2}\mathrm{OA}=3\sqrt{2}$

よって，(正四角すい O–ABCD の体積)$=\dfrac{1}{3}\times 6^2\times 3\sqrt{2}=36\sqrt{2}$

ON$=2$，$\angle$AON$=90^\circ$ より，$\triangle\mathrm{OAN}=\dfrac{1}{2}\times\mathrm{OA}\times\mathrm{ON}=6$

また，$\triangle\mathrm{OAN}\perp\mathrm{LM}$，$\mathrm{LM}=3\sqrt{2}$ より，

(四角すい O–ALNM の体積)$=\dfrac{1}{3}\times\triangle\mathrm{OAN}\times\mathrm{LM}=6\sqrt{2}$

ゆえに，求める立体の体積は，

(正四角すい O–ABCD の体積)$-$(四角すい O–ALNM の体積)$=30\sqrt{2}$ ＊

別解 (2) ＊部分は，次のように求めてもよい。

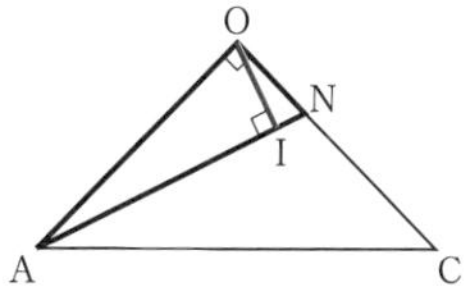

四角すい O–ALNM で，点 O から底面 ALNM に垂線をひき，底面との交点を I とすると，I は対角線 AN 上にある。

IN$=x$ とする。

$\mathrm{AN}=2\sqrt{10}$ より，$\mathrm{AI}=\mathrm{AN}-\mathrm{IN}=2\sqrt{10}-x$

$\triangle$OAI で，$\angle$OIA$=90^\circ$ であるから，

$\mathrm{OI}^2=\mathrm{OA}^2-\mathrm{AI}^2=6^2-(2\sqrt{10}-x)^2=-4+4\sqrt{10}\,x-x^2$

$\triangle$OIN で，$\angle$OIN$=90^\circ$，ON$=2$ であるから，

$\mathrm{OI}^2=\mathrm{ON}^2-\mathrm{NI}^2=2^2-x^2=4-x^2$

ゆえに，$-4+4\sqrt{10}\,x-x^2=4-x^2$　　$4\sqrt{10}\,x=8$　　$x=\dfrac{\sqrt{10}}{5}$

よって，$\mathrm{OI}=\sqrt{4-\left(\dfrac{\sqrt{10}}{5}\right)^2}=\dfrac{3\sqrt{10}}{5}$

(四角すい O–ALNM の体積)$=\dfrac{1}{3}\times$(四角形 ALNM)$\times\mathrm{OI}=6\sqrt{2}$

ゆえに，求める立体の体積は，

(正四角すい O–ABCD の体積)$-$(四角すい O–ALNM の体積)$=30\sqrt{2}$

stage 13

1 ◉関数 $y=\frac{a}{x}$，確率，1次関数◉

答 (1) $a=12$　(2) K$(-6,\ -2)$　(3) $\frac{5}{12}$

解法 (1) B$(2,\ 6)$ は $y=\frac{a}{x}$ のグラフ上にあるから，$6=\frac{a}{2}$

ゆえに，$a=12$

解法 (2) 点Aから点Lまでの各点は，x 座標，y 座標がともに整数であるから，それぞれ12の約数となる。

よって，A$(1,\ 12)$，B$(2,\ 6)$，C$(3,\ 4)$，D$(4,\ 3)$，E$(6,\ 2)$，F$(12,\ 1)$，G$(-1,\ -12)$，H$(-2,\ -6)$，I$(-3,\ -4)$，J$(-4,\ -3)$，K$(-6,\ -2)$，L$(-12,\ -1)$

……▶ 9

ゆえに，K$(-6,\ -2)$

解法 (3) 2つのさいころを投げるとき，直線の結び方は全部で $6\times6=36$（通り）あり，どの結び方も同様に確からしい。

G$(-1,\ -12)$，F$(12,\ 1)$ を通る直線の傾きは，$\frac{1-(-12)}{12-(-1)}=1$

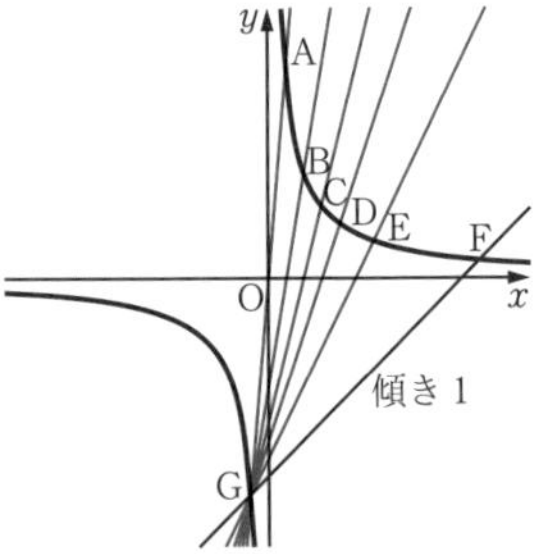

右の図のように，点Gを通り傾きが1より大きい直線は，直線GA，GB，GC，GD，GEの5通りある。

同様に，点Hを通り傾きが1より大きい直線は，直線HA，HB，HC，HDの4通りある。

点Iを通り傾きが1より大きい直線は，直線IA，IB，ICの3通りある。

点Jを通り傾きが1より大きい直線は，直線JA，JBの2通りある。

点Kを通り傾きが1より大きい直線は，直線KAの1通りある。

点Lを通り傾きが1より大きい直線はない。

よって，傾きが1より大きい直線は，$5+4+3+2+1=15$（通り）

ゆえに，求める確率は，$\frac{15}{36}=\frac{5}{12}$

確認 **直線の傾きの大きさ**

右の図のように，点P$(p,\ q)$ を通る2つの直線を①と②とする。

$x>p$ の範囲で，直線①が直線②より上側にあれば，

（直線①の傾き）>（直線②の傾き）

である。

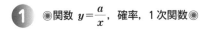

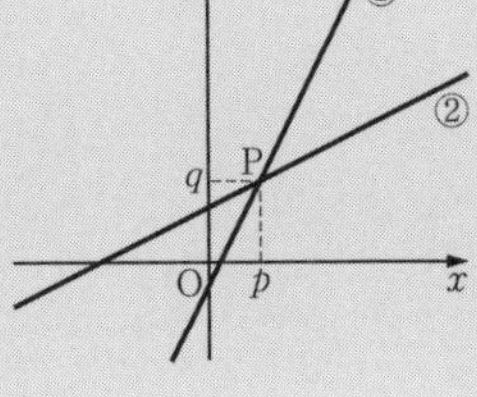

右の図で，点 J(−4, −3) を通る直線を考える。
$x>-4$ の範囲で，直線 AJ は直線 CJ の上側にあるから，

(直線 AJ の傾き)>(直線 CJ の傾き)

である。直線 CJ の傾きは，

$$\frac{4-(-3)}{3-(-4)}=1$$

であるから，

(直線 AJ の傾き)>1

したがって，$x>-4$ の範囲で，直線 AJ，BJ は直線 CJ の上側にあるから，それらの直線の傾きは 1 より大きい。また，直線 DJ，EJ，FJ は直線 CJ の下側にあるから，それらの直線の傾きは 1 より小さい。

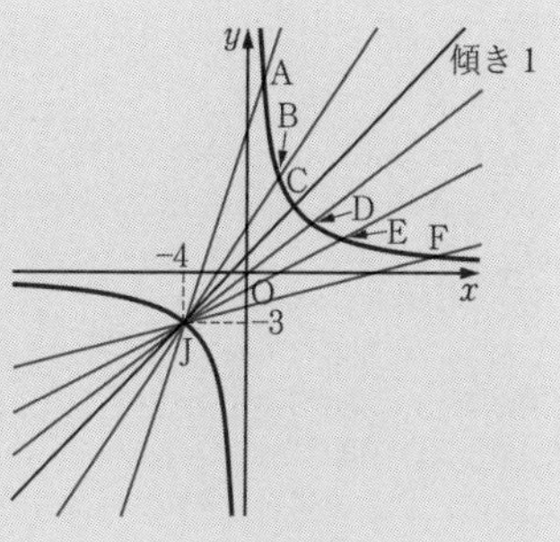

② ◉円周角と中心角，連立方程式◉

答 (1) 200 秒　(2)(i) 8 回　(ii) 150 秒後，450 秒後

解法 点 P，Q は，それぞれ ∠AOP，∠AOQ の大きさが毎秒 $p°$，$q°$ ずつ増えるように動くとする。

(1) △APQ が直角三角形になるのは，1 つの辺が円 O の直径になるときである。
△APQ が二等辺三角形になる前にはじめて直角三角形になるのは，PQ が直径になるときである。
△APQ は，出発してから 60 秒後にはじめて直角三角形になる。
このとき，$\angle AOP=60p°$，$\angle AOQ=60q°$ であるから，
$60p+60q=180$　　$p+q=3$ ……①

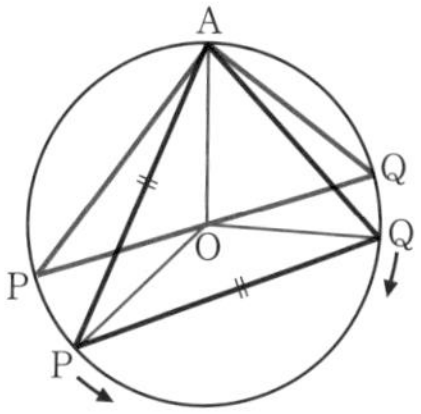

また，△APQ は，出発してから 75 秒後にはじめて PA＝PQ の二等辺三角形になる。
このとき，$\angle AOP=\angle POQ=75p°$，$\angle AOQ=75q°$ であるから，
$2\times75p+75q=360$　　$10p+5q=24$ ……②

①，②を連立させて解くと，$p=\frac{9}{5}$，$q=\frac{6}{5}$

ゆえに，点 P が円 O の周を 1 周する時間は，$360°\div\frac{9°}{5}=200$ (秒)

確認 **直角三角形と二等辺三角形になる順序**

右の図のように，△APQ が ∠Q＝90° の直角三角形であるとすると，AP が直径になる。
このとき，△APQ は，∠Q＝90° の直角三角形になる前に，PA＝PQ の二等辺三角形になる。
したがって，出発後はじめて直角三角形になるのは，∠A＝90° で，斜辺が PQ の三角形である。

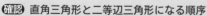

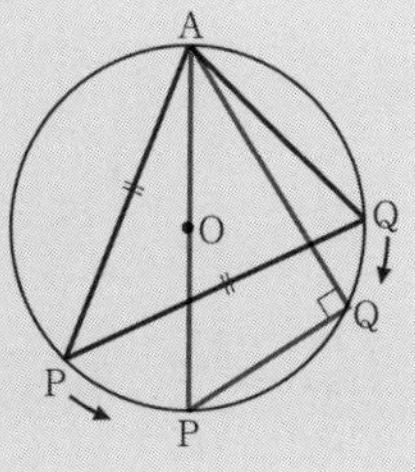

解法 (2) $p:q=\frac{9}{5}:\frac{6}{5}=3:2$ であるから，点Pは3周，点Qは2周してはじめて同時に点Aに到着する。
よって，点P，Qは出発してから600秒後に，はじめて同時に点Aに到着する。
(i) PQが直径になるのは，$p+q=3$ より，
$180°\div3°=60$
$(180°+360°)\div3°=180$
$(180°+2\times360°)\div3°=300$
$(180°+3\times360°)\div3°=420$
$(180°+4\times360°)\div3°=540$
よって，PQが直径になるのは，
出発してから60，180，300，420，540秒後である。……③
同様に，APが直径になるのは，$p=\frac{9}{5}$ より，
出発してから100，300，500秒後である。……④
③，④の両方にある300秒後では，点AとQが重なり，△APQはできない。
AQが直径になるのは，$q=\frac{6}{5}$ より，出発してから150，450秒後である。
ゆえに，△APQが直角三角形になるのは，出発してから60，100，150，180，420，450，500，540秒後の8回である。

PQが直径のとき

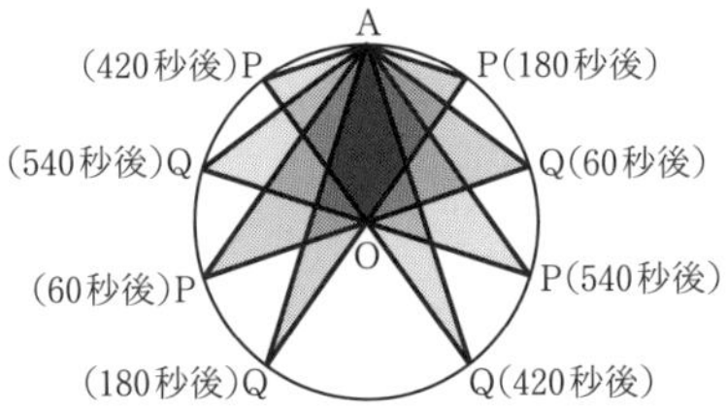

APが直径のとき

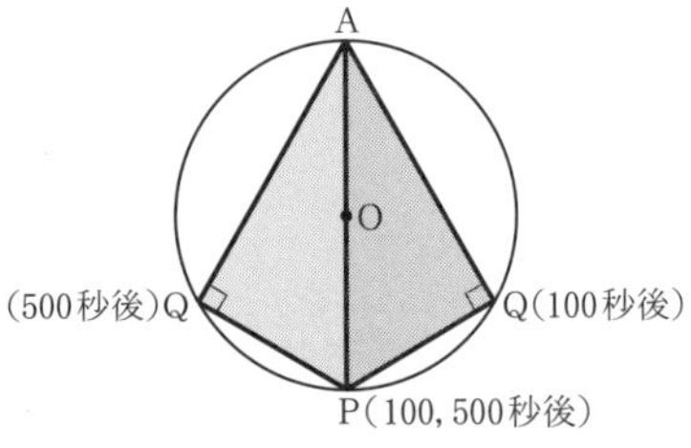

AQが直径のとき

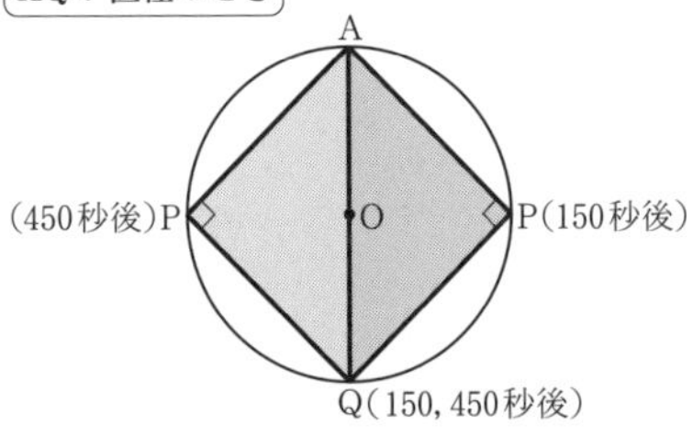

(ii) 円に内接する直角三角形のうち，面積が最も大きいのは直角二等辺三角形であり，△APQが直角二等辺三角形になるのは，∠AOPまたは∠AOQが90°のときである。
△APQが直角三角形になる8回について，∠AOPまたは∠AOQの大きさを求める。

PQ が直径のとき，△APQ が直角三角形になるのは，60，180，420，540 秒後であるから，∠AOP の大きさは，

$60\times\frac{9^\circ}{5}=108^\circ$

$180\times\frac{9^\circ}{5}=324^\circ$ より，$360^\circ-324^\circ=36^\circ$

$420\times\frac{9^\circ}{5}=756^\circ$ より，$756^\circ-2\times360^\circ=36^\circ$

$540\times\frac{9^\circ}{5}=972^\circ$ より，$3\times360^\circ-972^\circ=108^\circ$

AP が直径のとき，△APQ が直角三角形になるのは，100，500 秒後である。
∠AOP の大きさは 180°であるから，∠AOQ の大きさを求めると，

$100\times\frac{6^\circ}{5}=120^\circ$

$500\times\frac{6^\circ}{5}=600^\circ$ より，$2\times360^\circ-600^\circ=120^\circ$

AQ が直径のとき，△APQ が直角三角形になるのは，150，450 秒後であるから，∠AOP の大きさは，

$150\times\frac{9^\circ}{5}=270^\circ$ より，$360^\circ-270^\circ=90^\circ$

$450\times\frac{9^\circ}{5}=810^\circ$ より，$810^\circ-2\times360^\circ=90^\circ$

ゆえに，面積が最も大きいのは，出発してから 150，450 秒後である。

3 ◉整数の性質◉

答 (1) 45 個　(2) 9 個

解法 (1) $(a,\ 2)=0$ より，a は 2 の倍数である。
98 までの 2 の倍数の個数は，$98\div2=49$ より，49 個
1 けたの 2 の倍数は，$8\div2=4$ より，4 個
ゆえに，求める a の値は，$49-4=45$ (個) ある。

解法 (2) $(a,\ 5)+(a,\ 6)=2$ で，$(a,\ 5)$，$(a,\ 6)$ は 0 以上の整数であるから，

$\begin{cases}(a,\ 5)=2\\(a,\ 6)=0\end{cases}$ のとき，$\begin{cases}(a,\ 5)=1\\(a,\ 6)=1\end{cases}$ のとき，$\begin{cases}(a,\ 5)=0\\(a,\ 6)=2\end{cases}$ のときのいずれかである。

(i) $\begin{cases}(a,\ 5)=2\\(a,\ 6)=0\end{cases}$ のとき，a は 6 の倍数であり，5 で割ると 2 余る 2 けたの自然数であるから，$a=12,\ 42,\ 72$

(ii) $\begin{cases}(a,\ 5)=1\\(a,\ 6)=1\end{cases}$ のとき，$a-1$ は 5 の倍数であり，6 の倍数でもあるから，
$a-1=30,\ 60,\ 90$　　よって，$a=31,\ 61,\ 91$

(iii) $\begin{cases}(a,\ 5)=0\\(a,\ 6)=2\end{cases}$ のとき，a は 5 の倍数であり，6 で割ると 2 余る 2 けたの自然数であるから，$a=20,\ 50,\ 80$

ゆえに，(i)，(ii)，(iii)より，求める a の値は 9 個ある。

4 ◉1次関数，等積変形◉

答 (1) $y=-\frac{2}{3}x+4$ (2) $Q\left(\frac{8}{3},\ \frac{32}{9}\right)$ (3) $\frac{28}{3}$

解法 (1) A(0, 4)，C(6, 0) を通る直線は，傾きが $\frac{0-4}{6-0}=-\frac{2}{3}$，$y$ 切片が 4 であるから，直線 AC の式は，$y=-\frac{2}{3}x+4$

解法 (2) $\triangle ABC=\frac{1}{2}\times BC\times OA=\frac{1}{2}\times\{6-(-2)\}\times4=16$

点 P の y 座標を p とすると，$\triangle POC=\frac{1}{2}\times OC\times p=\frac{1}{2}\times6\times p=3p$

$\triangle POC=\frac{1}{2}\triangle ABC$ より，$3p=\frac{1}{2}\times16$　　$p=\frac{8}{3}$

点 P の y 座標は $\frac{8}{3}$ であるから，$\frac{8}{3}=-\frac{2}{3}x+4$　　$x=2$　　よって，$P\left(2,\ \frac{8}{3}\right)$

直線 OP の式は $y=\frac{4}{3}x$ であるから，点 Q の座標を $\left(q,\ \frac{4}{3}q\right)$ とおく。

$\triangle ABO=\frac{1}{2}\times OB\times OA=4$　　$\triangle AOC=\frac{1}{2}\times OC\times OA=12$

$\triangle AOQ=\frac{1}{2}\times OA\times q=2q$　　$\triangle QOC=\frac{1}{2}\times OC\times\frac{4}{3}q=4q$

$\triangle QAC=\triangle AOQ+\triangle QOC-\triangle AOC=2q+4q-12=6q-12$　＊

$\triangle QAC=\triangle ABO$ より，$6q-12=4$　　$q=\frac{8}{3}$

ゆえに，$Q\left(\frac{8}{3},\ \frac{32}{9}\right)$

別解 (2) ＊部分は，次のように求めてもよい。
△AOC と △ABO は高さが等しいから，△AOC：△ABO＝OC：OB＝3：1
△AOC と △QAC は辺 AC を共有するから，△AOC：△QAC＝OP：PQ ……▶30
よって，△ABO＝△QAC より，OP：PQ＝3：1

OP：OQ＝3：4 より，$2:q=3:4$　　$q=\frac{8}{3}$

ゆえに，$Q\left(\frac{8}{3},\ \frac{32}{9}\right)$

解法 (3) △ABO＝4 より，△QAC＝4（一定）であるから，点 P が辺 AC 上を動くとき，点 Q は直線 AC に平行で，点 $\left(\frac{8}{3},\ \frac{32}{9}\right)$ を通る直線上を動く。 ……▶29

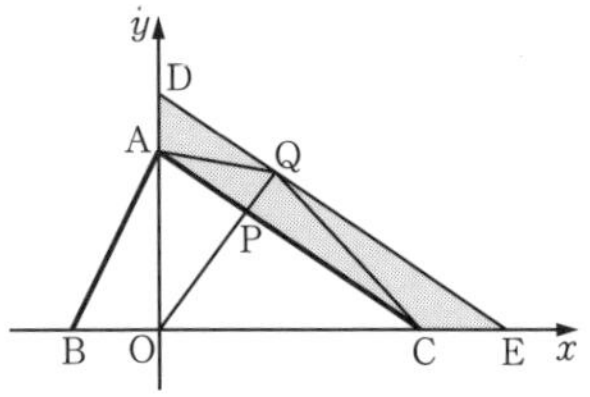

よって，点 Q は，$y-\frac{32}{9}=-\frac{2}{3}\left(x-\frac{8}{3}\right)$ より，

$y=-\frac{2}{3}x+\frac{16}{3}$ ……① 上を動く。

①と y 軸，x 軸との交点をそれぞれ D，E とすると，$D\left(0,\ \frac{16}{3}\right)$，E(8，0) である。
点 P が辺 AC 上を点 A から点 C まで動くとき，点 Q は線分 DE 上を点 D から点 E まで動くから，四角形 ACED の面積が求める面積である。
ゆえに，(四角形 ACED)＝△DOE－△AOC＝$\frac{1}{2}$×OE×OD－12＝$\frac{28}{3}$ ＊

別解 (3) ＊部分は，次のように求めてもよい。
点 $\left(\frac{8}{3},\ \frac{32}{9}\right)$ を通り直線 AC に平行な直線と，y 軸，x 軸との交点をそれぞれ D，E とする。
AC∥DE より，△OAC∽△ODE
OA：OD＝OP：OQ＝3：4
よって，△OAC：△ODE＝3^2：4^2＝9：16 ……▶35
ゆえに，△OAC：(四角形 ACED)＝9：(16－9)＝9：7
△OAC＝12 より，(四角形 ACED)＝$\frac{7}{9}$△OAC＝$\frac{28}{3}$

5 ◉空間図形，三平方の定理，2 次方程式◉

答 (1) $\frac{1}{3}\pi$　(2)(i) $S=\frac{\sqrt{4a^2+3}}{2}$　(ii) $a=\frac{1}{2}$

解法 (1) 上の底面の円の中心を R とする。

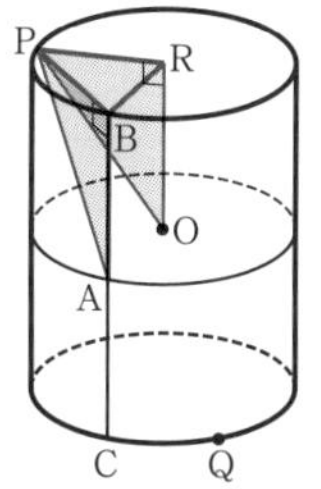

△POR で，∠PRO＝90°，OR＝$\frac{1}{2}$BC＝a，PR＝1 であるから，
PO＝$\sqrt{OR^2+PR^2}=\sqrt{a^2+1}$ ……①
PA＝PO より，PA＝$\sqrt{a^2+1}$ ……②
△PAB で，∠PBA＝90°，AB＝a であるから，
PB＝$\sqrt{PA^2-AB^2}=\sqrt{(a^2+1)-a^2}=1$
よって，PB＝BR＝RP＝1 より，△PBR は正三角形である。
ゆえに，∠PRB＝60° であるから，
$\overset{\frown}{BP}=2\pi\times1\times\frac{60}{360}=\frac{1}{3}\pi$

別解 (1) 上の底面の円の中心を R とする。
△ABP と △ORP において，
∠ABP＝∠ORP＝90°　PA＝PO　AB＝OR
ゆえに，△ABP≡△ORP (斜辺と 1 辺)
よって，BP＝RP
また，RP＝RB であるから，△PBR は正三角形である。
ゆえに，∠PRB＝60° であるから，
$\overset{\frown}{BP}=2\pi\times1\times\frac{60}{360}=\frac{1}{3}\pi$

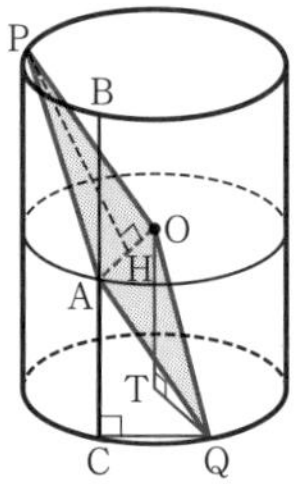

解法 (2)(i) 下の底面の円の中心をTとする。

$\overset{\frown}{BP}=\overset{\frown}{CQ}$ より，CQ＝BP＝1

△ACQ で，∠ACQ＝90° であるから，

$AQ=\sqrt{AC^2+CQ^2}=\sqrt{a^2+1}$ ……③

△OTQ で，∠OTQ＝90° であるから，

$OQ=\sqrt{OT^2+TQ^2}=\sqrt{a^2+1}$ ……④

△OAP と △OAQ において，

OA は共通

①，②，③，④より，AP＝AQ，OP＝OQ

ゆえに，△OAP≡△OAQ（3辺）

二等辺三角形 PAO の点 P から線分 OA に垂線 PH をひく。

△PHO で，$OH=\frac{1}{2}OA=\frac{1}{2}$ より，

$PH=\sqrt{OP^2-OH^2}=\sqrt{(a^2+1)-\left(\frac{1}{2}\right)^2}=\frac{\sqrt{4a^2+3}}{2}$

ゆえに，$S=2\triangle PAO=2\times\left(\frac{1}{2}\times OA\times PH\right)=\frac{\sqrt{4a^2+3}}{2}$

(ii) $S=1$ より，$\frac{\sqrt{4a^2+3}}{2}=1$　　$4a^2+3=4$　　$a^2=\frac{1}{4}$　　$a=\pm\frac{1}{2}$

$a>0$ より，$a=\frac{1}{2}$

stage 14

1 ◉関数 $y=ax^2$，1次関数，連立方程式，2次方程式◉

答 (1) A$(-2,\ 4)$，B$(3,\ 9)$，C$(-1,\ 1)$　(2) $y=2x+3$　(3) $k=2-\dfrac{\sqrt{15}}{3}$

解法 (1) $y=x^2$ と $y=x+6$ を連立させて，

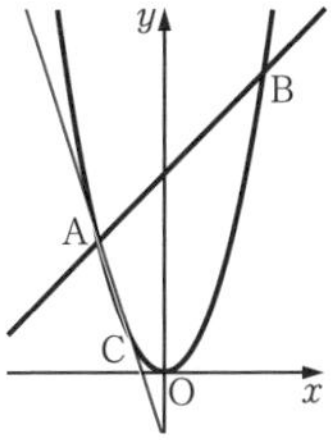

$x^2=x+6$　　$x^2-x-6=0$　　$(x+2)(x-3)=0$　　$x=-2,\ 3$
$y=x+6$ に $x=-2$ を代入して，$y=-2+6=4$
よって，A$(-2,\ 4)$
$y=x+6$ に $x=3$ を代入して，$y=3+6=9$
よって，B$(3,\ 9)$
直線ACは傾きが -3 で A$(-2,\ 4)$ を通るから，直線ACの式は，$y-4=-3\{x-(-2)\}$
よって，$y=-3x-2$
$y=x^2$ と $y=-3x-2$ を連立させて，
$x^2=-3x-2$　　$x^2+3x+2=0$　　$(x+2)(x+1)=0$　　$x=-2,\ -1$
$x\neq-2$ より，$x=-1$
$y=-3x-2$ に $x=-1$ を代入して，$y=-3\times(-1)-2=1$
よって，C$(-1,\ 1)$
ゆえに，A$(-2,\ 4)$，B$(3,\ 9)$，C$(-1,\ 1)$

解法 (2) B$(3,\ 9)$，C$(-1,\ 1)$ より，直線BCの式は，

$$y-1=\frac{9-1}{3-(-1)}\{x-(-1)\}$$

ゆえに，$y=2x+3$

解法 (3) 点Cを通り y 軸に平行な直線と，辺ABとの交点をDとする。

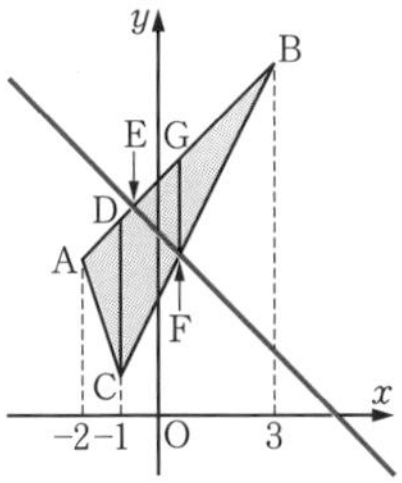

また，直線 $y=-x+6k$ と辺AB，BCとの交点をそれぞれE，Fとする。
点Dの x 座標は -1 であるから，$y=-1+6=5$
よって，D$(-1,\ 5)$
$y=x+6$ と $y=-x+6k$ を連立させて解くと，
$x=3k-3$，$y=3k+3$
よって，E$(3k-3,\ 3k+3)$
$y=2x+3$ と $y=-x+6k$ を連立させて解くと，
$x=2k-1$，$y=4k+1$
よって，F$(2k-1,\ 4k+1)$
点Fを通り y 軸に平行な直線と，辺ABとの交点をGとする。
点Gの x 座標は $2k-1$ であるから，$y=(2k-1)+6=2k+5$
よって，G$(2k-1,\ 2k+5)$

$\triangle ABC = \triangle ACD + \triangle BCD = \dfrac{1}{2} \times (5-1) \times \{3-(-2)\} = 10$

$GF = (2k+5)-(4k+1) = 4-2k$ より，

$\triangle BEF = \triangle EFG + \triangle BFG = \dfrac{1}{2} \times (4-2k) \times \{3-(3k-3)\} = 3(k-2)^2$

$\triangle BEF = \dfrac{1}{2}\triangle ABC$ より，$3(k-2)^2 = \dfrac{1}{2} \times 10$　　$(k-2)^2 = \dfrac{5}{3}$

$k-2 = \pm\sqrt{\dfrac{5}{3}}$　　$k = 2 \pm \dfrac{\sqrt{15}}{3}$

直線 $y=-x+6k$ が点 C を通るとき，$1=-(-1)+6k$ より，$k=0$

また，点 B を通るとき，$9=-3+6k$ より，$k=2$

直線 $y=-x+6k$ は △ABC と交わるから，$0 \leqq k \leqq 2$

ゆえに，$k = 2 - \dfrac{\sqrt{15}}{3}$　＊

別解 (3) ＊部分は，次のように求めてもよい。

右の図のように，点 A，B，C，E，F から x 軸にそれぞれ垂線 AL，BM，CN，EP，FQ をひく。

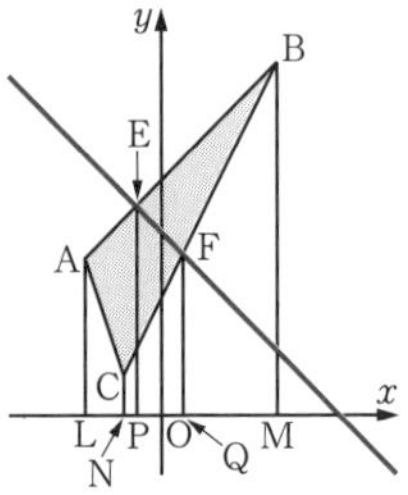

……▶30

$BA : BE = ML : MP = \{3-(-2)\} : \{3-(3k-3)\}$

$= 5 : (6-3k)$

$BC : BF = MN : MQ = \{3-(-1)\} : \{3-(2k-1)\}$

$= 4 : (4-2k)$

△ABC と △EBF は ∠B を共有するから，

$\triangle ABC : \triangle EBF = BA \times BC : BE \times BF$

$= ML \times MN : MP \times MQ = 5 \times 4 : (6-3k) \times (4-2k)$

$\triangle ABC : \triangle EBF = 2 : 1$ より，

$5 \times 4 : (6-3k) \times (4-2k) = 2 : 1$

$2(6-3k)(4-2k) = 20$　　$(k-2)^2 = \dfrac{5}{3}$　　$k = 2 \pm \dfrac{\sqrt{15}}{3}$

直線 $y=-x+6k$ は △ABC と交わるから，$0 \leqq k \leqq 2$ より，$k = 2 - \dfrac{\sqrt{15}}{3}$

2 ◉2次方程式◉

答 (1) $\left(4+\dfrac{1}{25}x-\dfrac{1}{2500}x^2\right)$ g　(2) $x=25$，75

解法 (1) 1回目の操作後，容器 A の食塩水にふくまれる食塩の重さは，

$(100-x) \times \dfrac{4}{100} + x \times \dfrac{6}{100} = 4 + \dfrac{2}{100}x$ (g)

容器 B の食塩水にふくまれる食塩の重さは，

$x \times \dfrac{4}{100} + (100-x) \times \dfrac{6}{100} = 6 - \dfrac{2}{100}x$ (g)

容器 A と容器 B の食塩水の重さは，ともに 100 g である。

2回目の操作後，容器Aの食塩水にふくまれる食塩の重さは，

$(100-x)\times\left(4+\frac{2}{100}x\right)\times\frac{1}{100}+x\times\left(6-\frac{2}{100}x\right)\times\frac{1}{100}=4+\frac{1}{25}x-\frac{1}{2500}x^2$（g）

解法 (2) 容器Aの食塩水の重さは100gであるから，(1)より，濃度は，

$\left(4+\frac{1}{25}x-\frac{1}{2500}x^2\right)$%

よって，$4+\frac{1}{25}x-\frac{1}{2500}x^2=4.75$　　$x^2-100x+1875=0$　　$(x-25)(x-75)=0$

$x=25,\ 75$　　$0<x<100$ より，$x=25,\ 75$

3 ◉点の移動と面積，円周角と中心角，三平方の定理◉

答 (1) $4\sqrt{2}$　(2)(i) $6-2\sqrt{3}$　(ii) $6\pi-8$

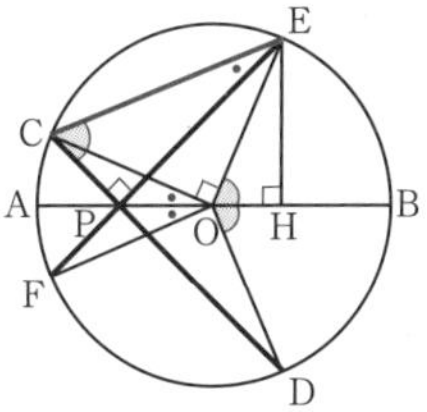

解法 (1) ∠APC＝∠BPD＝45°（対頂角）より，

∠CPE＝180°－(∠APC＋∠EPB)＝180°－(45°＋45°)

＝90°

∠EPB＝∠DPB より，直線CDとFEは直線ABについて対称であり，円Oは直線ABについて対称であるから，

∠AOC＝∠AOF，∠BOE＝∠BOD

よって，$\angle AOC=\frac{1}{2}\angle FOC=\angle CEF$,

$\angle BOE=\frac{1}{2}\angle DOE=\angle ECD$

∠AOC＋∠BOE＝∠CEP＋∠ECP＝90° より，

∠COE＝180°－(∠AOC＋∠BOE)＝90°

よって，△COEはOC＝OEの直角二等辺三角形であるから，

$CE=\sqrt{2}\,OC=\sqrt{2}\times4=4\sqrt{2}$

解法 (2)(i) 点Eから直径ABに垂線EHをひく。

∠AOC＝∠FEC＝30°，∠COE＝90° より，

∠EOH＝180°－(∠AOC＋∠COE)＝60°

よって，△EOHで，∠EHO＝90°，∠EOH＝60° であるから，

$OH=\frac{1}{2}OE=2$，$EH=\frac{\sqrt{3}}{2}OE=2\sqrt{3}$

∠EPH＝45° より，△EPHは直角二等辺三角形であるから，

$PH=EH=2\sqrt{3}$

ゆえに，$AP=AO-PO=AO-(PH-OH)=6-2\sqrt{3}$

(ii) 線分CEの中点をKとする。

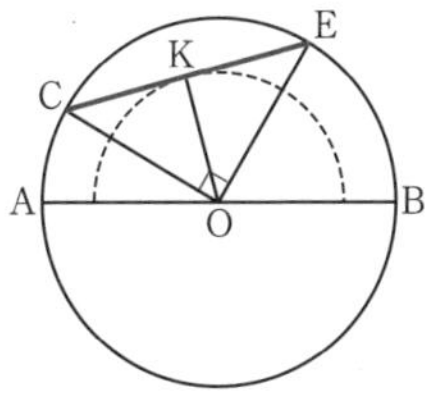

△COEは直角二等辺三角形であるから，

$OK=\frac{1}{\sqrt{2}}OC=2\sqrt{2}$

線分CEが動くとき，点KはOを中心とする半径$2\sqrt{2}$の円の周上を動く。

右の図で，$\overset{\frown}{AB}$ の中点を G とする。
点 P が点 A と一致するとき，線分 CE は線分 AG と一致する。また，点 P が点 B と一致するとき，線分 CE は線分 GB と一致する。
したがって，線分 AG，BG の中点をそれぞれ M，N とすると，点 K は O を中心とする半径 $2\sqrt{2}$ の円の $\overset{\frown}{MN}$ 上を動く。
よって，線分 CE が通過してできる図形は，図の赤色部分である。

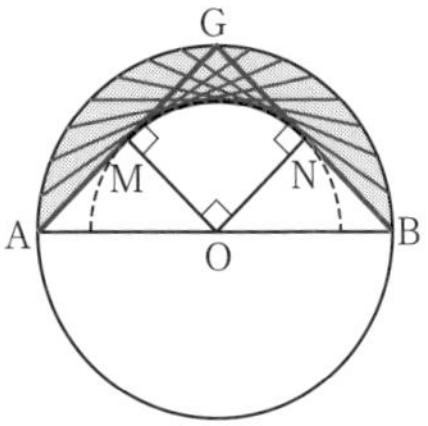

$AG=BG=CE=4\sqrt{2}$ より，$AM=OM=BN=ON=2\sqrt{2}$
$\triangle AOM\equiv\triangle BON$，$\angle MON=90^\circ$ より，求める面積は，
(半円 O)$-2\triangle AOM-$(おうぎ形 OMN)$=8\pi-8-2\pi=6\pi-8$

4 ◉場合の数◉

答 (1) 5040 通り　(2) 7290 通り　(3) 768 通り

解法 (1) このパスワードを 4 けたの数と考える。
パスワードであるから，千の位は 0 であってもよいので，数字の使い方は 10 通りある。
百の位には，千の位で使った数字以外の 9 通りの使い方がある。

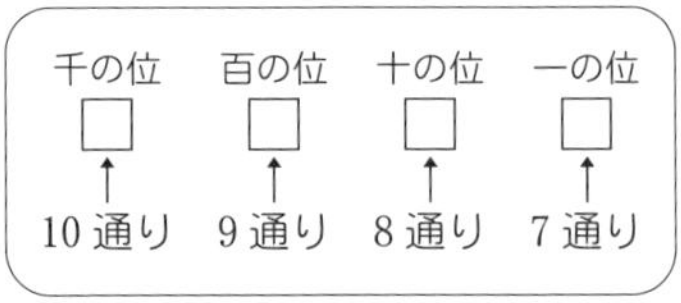

十の位には，千と百の位で使った数字以外の 8 通りの使い方がある。
一の位には，千，百，十の位で使った数字以外の 7 通りの使い方がある。
ゆえに，$10\times9\times8\times7=5040$ (通り)

別解 (1) 10 個の異なるものから 4 個を取って，1 列に並べてできるパスワードの数は，${}_{10}P_4=10\times9\times8\times7=5040$ (通り)

……▶17

解法 (2) 千の位は，数字の使い方は 10 通りある。
百の位は，千の位で使った数字以外の 9 通りの使い方がある。
十の位は，百の位で使った数字以外の 9 通りの使い方がある。

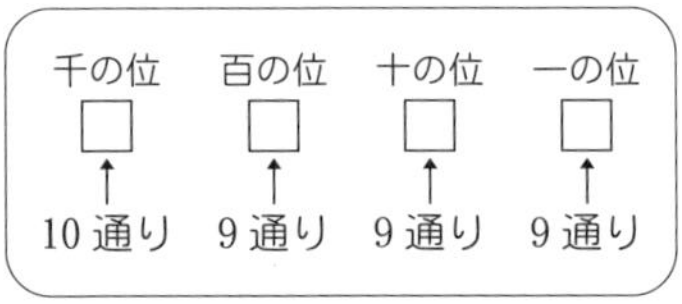

一の位は，十の位で使った数字以外の 9 通りの使い方がある。
ゆえに，$10\times9\times9\times9=7290$ (通り)

解法 (3) 3 と 9 を使う位の組合せは，
千の位と百の位，千の位と十の位，千の位と一の位，百の位と十の位，百の位と一の位，十の位と一の位の 6 通りある。
3 と 9 を千の位と百の位に使った場合，
千の位は，3，9 の 2 通りの使い方がある。

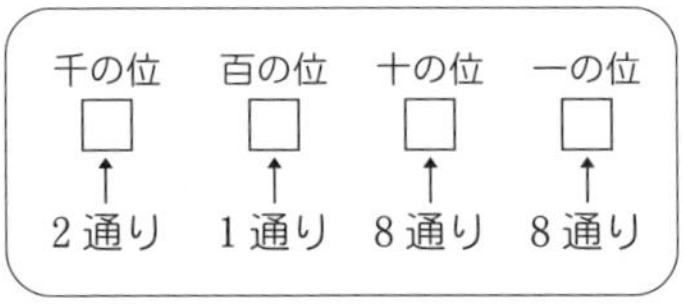

百の位は，千の位に使わなかった 3 か 9 のどちらかであるから，1 通りの使い方である。
十の位と一の位は，それぞれ 3 と 9 以外の 8 通りの使い方がある。

よって，$2\times1\times8\times8=128$（通り）
3と9を他の位に使った場合についても，同様に128通りずつある。
ゆえに，$6\times128=768$（通り）
別解 (3) 3と9を使う位の組合せの数は，4個の異なるものから2個を取ってつくる組合せの数で，${}_4C_2=\frac{{}_4P_2}{2!}=\frac{4\times3}{2\times1}=6$（通り）
3と9を使う位が決まった場合にできるパスワードの数は，
${}_2P_2\times8\times8=2\times1\times8\times8=128$（通り）
ゆえに，$6\times128=768$（通り）

確認 順列と組合せ
n個の異なるものから，r個の異なるものを取り出してつくった順列の総数${}_nP_r$は，

$${}_nP_r=n(n-1)(n-2)\cdots(n-r+1)$$

n個の異なるものから，r個の異なるものを取り出してつくった組合せの総数${}_nC_r$は，

$${}_nC_r=\frac{{}_nP_r}{r!}=\frac{n(n-1)(n-2)\cdots(n-r+1)}{r(r-1)(r-2)\cdots\times3\times2\times1}$$

5 ◉合同，円周角と中心角，三平方の定理◉

答 (1) $2\sqrt{2}$

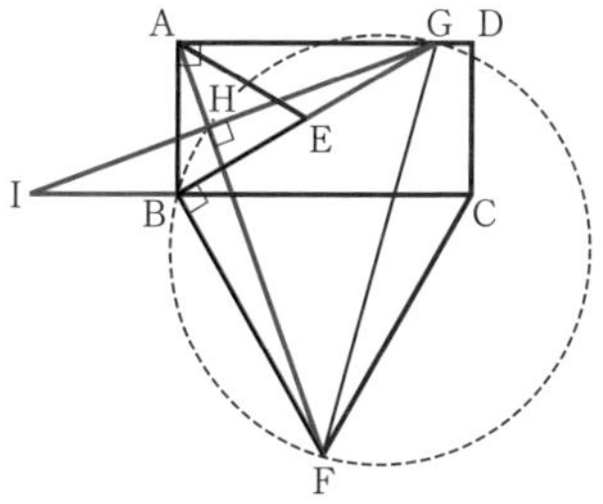

(2) △BCFは正三角形であるから，BF＝BC＝2
△ABGで，∠BAG＝90°，∠ABG＝60°であるから，BG＝2AB＝2
よって，BF＝BG ……①
∠ABF＝∠ABC＋∠CBF＝90°＋60°＝150°
∠IBG＝∠IBA＋∠ABG＝90°＋60°＝150°
ゆえに，∠ABF＝∠IBG ……②
AF⊥GI（仮定）より，∠FHG＝90°
∠FBG＝∠ABF－∠ABG＝150°－60°＝90°
よって，円周角の定理の逆より，4点B，F，G，Hは同一円周上にあるから，
∠BFH＝∠BGH（$\overset{\frown}{BH}$に対する円周角）
ゆえに，∠BFA＝∠BGI ……③
①，②，③より，△ABF≡△IBG（2角夾辺）

……▶27

(3) $\frac{5+2\sqrt{3}}{2}$

解法 (1) △ABGで，∠GAB＝90°，∠ABG＝60°であるから，
BG＝2AB＝2
△BCFは正三角形であるから，BF＝BC＝2
∠GBF＝∠GBC＋∠CBF＝(90°－60°)＋60°＝90°
ゆえに，△BFGは直角二等辺三角形であるから，GF＝$\sqrt{2}$BF＝$2\sqrt{2}$

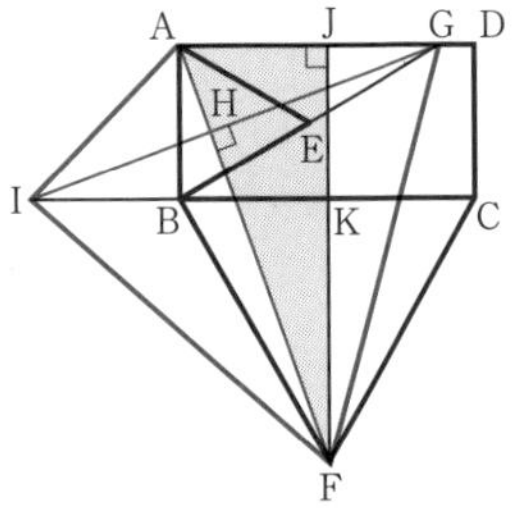

解法 (3) 点Fから辺ADに垂線FJをひき，辺BCとの交点をKとすると，正三角形BFCで，FK⊥BCより，Kは辺BCの中点である。
よって，Jは辺ADの中点である。

△AFJで，∠AJF＝90°，$AJ=\frac{1}{2}AD=1$

$FK=\frac{\sqrt{3}}{2}BC=\sqrt{3}$，JK＝AB＝1 より，

$FJ=FK+KJ=\sqrt{3}+1$

よって，$AF^2=AJ^2+FJ^2=1^2+(\sqrt{3}+1)^2=5+2\sqrt{3}$

△ABF≡△IBG より，AF＝IG　　また，AF⊥IG

ゆえに，(四角形 AIFG)$=\frac{1}{2}\times AF\times IG=\frac{1}{2}\times AF^2=\frac{5+2\sqrt{3}}{2}$

6 ◉空間図形，相似，三平方の定理◉

答 (1) $20\sqrt{6}$　(2) $h=\frac{55\sqrt{6}}{8}$，$x=\frac{153\sqrt{6}}{8}$

解法 (1) △ABEで，∠BAE＝90°，AB＝5
また，円柱の底面の周の長さが11であるから，BE＝11
よって，$AE=\sqrt{BE^2-AB^2}=\sqrt{11^2-5^2}=4\sqrt{6}$
△ABE≡△CDF より，$△ABE+△CDF=2△ABE=20\sqrt{6}$

解法 (2) 右の図のように，線分BFの3等分点をK，M，線分EDの3等分点をL，Nとする。

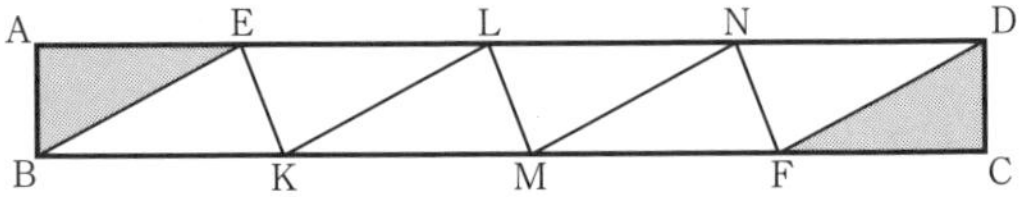

円柱の母線PQの点PにBを重ねてテープBFDEを巻きつけると，点QにDが重なる。また，点BとE，点KとL，点MとN，点FとDが重なる。

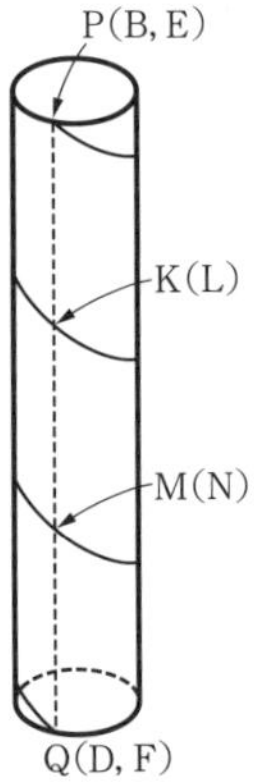

よって，EK＋LM＋NF＝PQ＝h，EK＝LM＝NF より，$EK=\frac{h}{3}$

△ABEと△EKBにおいて，
PQは母線であるから，∠BEK＝90°
よって，∠EAB＝∠BEK
AD∥BC より，∠AEB＝∠EBK（錯角）
ゆえに，△ABE∽△EKB（2角）

よって，AE：EB＝AB：EK より，$4\sqrt{6}:11=5:\frac{h}{3}$

ゆえに，$h=\frac{55\sqrt{6}}{8}$

(長方形 ABCD)＝AB×AD＝$5x$

(円柱の側面積)$=11h=\frac{605\sqrt{6}}{8}$

円柱の側面積は，▱BFDE の面積に等しいから，
▱BFDE＝(長方形 ABCD)－(△ABE＋△CDF)

よって，$5x-20\sqrt{6}=\dfrac{605\sqrt{6}}{8}$

ゆえに，$x=\dfrac{153\sqrt{6}}{8}$

確認 円柱の側面

図 1 のように，長方形のテープ ABCD の辺 AB を円柱の母線 PQ に重ねて側面に巻きつけると，重なることなくぴったり貼りつけることができたとする。

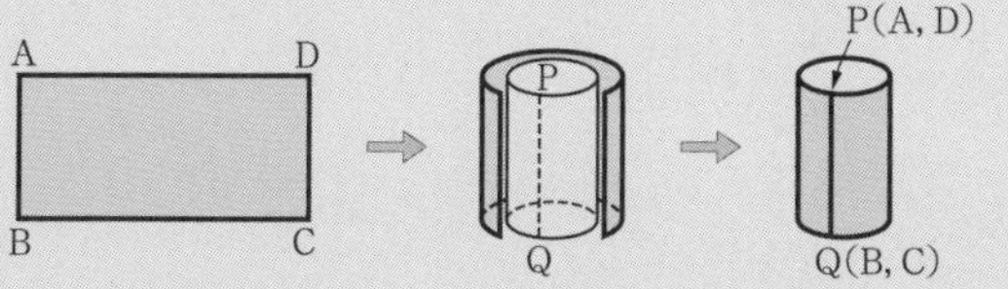

図 1

図 2 のように，長方形のテープ ABCD を対角線 AC で切ってつくった平行四辺形のテープは，円柱の側面に巻きつけると，重なることなくぴったり貼りつけることができる。

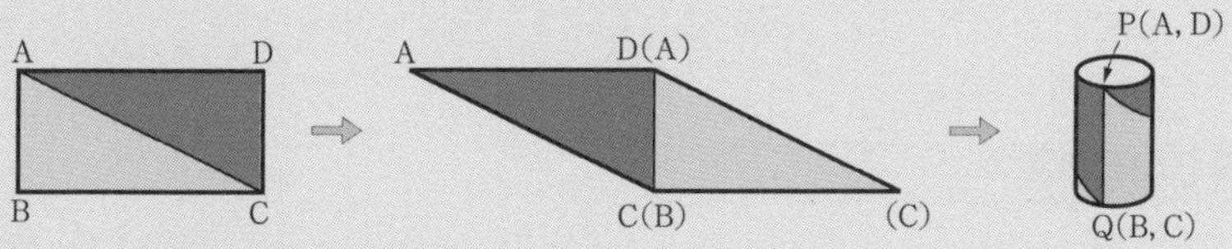

図 2

図 3 のように，図 2 の平行四辺形のテープ 3 枚でつくったテープは，底面の半径が図 1 の円柱と等しく，高さが 3 倍の円柱の側面に巻きつけると，重なることなくぴったり貼りつけることができる。

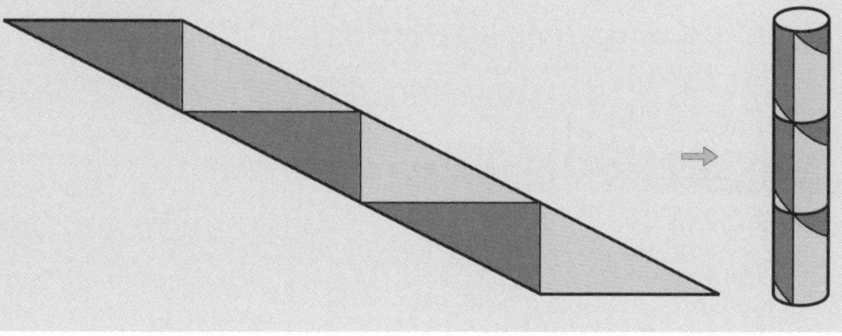
図 3

まとめ

1…等式と四則

1 $a=b$ ならば $a+c=b+c$

2 $a=b$ ならば $a-c=b-c$

3 $a=b$ ならば $ac=bc$

4 $a=b$ ならば $\dfrac{a}{c}=\dfrac{b}{c}$ ただし，$c\neq 0$

2…不等式と四則

1 $a<b$ ならば $a+c<b+c$

2 $a<b$ ならば $a-c<b-c$

3 $c>0$ のとき，

$a<b$ ならば $ac<bc$，$\dfrac{a}{c}<\dfrac{b}{c}$

4 $c<0$ のとき，

$a<b$ ならば $ac>bc$，$\dfrac{a}{c}>\dfrac{b}{c}$

3…比例式

2つの比が等しいことを，次のように定義する。

$$a:b=c:d \iff \frac{a}{b}=\frac{c}{d}$$

$a:b=c:d$ のとき，次の性質が成り立つ。

1 $ad=bc$（外項の積は内項の積に等しい）

2 $a:c=b:d$

4…因数分解の公式

1 $a^2+2ab+b^2=(a+b)^2$

2 $a^2-2ab+b^2=(a-b)^2$

3 $a^2-b^2=(a+b)(a-b)$

4 $x^2+(a+b)x+ab=(x+a)(x+b)$

5 $acx^2+(ad+bc)x+bd=(ax+b)(cx+d)$

5…1次不等式の解法の手順

1 未知数 x をふくむ項を左辺に，定数項を右辺に移項する。

2 両辺をそれぞれ整理し，

$$ax>b,\quad ax<b,\quad ax\geqq b,\quad ax\leqq b$$

のうちのいずれかの形にする。

3 両辺を x の係数 a で割って，x の値の範囲を求める。
a が正の数のときは，不等号の向きは変わらない。
a が負の数のときは，不等号の向きが変わる。

6…2次方程式の解法

2次方程式 $ax^2+bx+c=0$ ($a\neq0$) の解法には，次のようなものがある。

1 因数分解による解法
左辺が因数分解できる場合には，次の性質を利用して解くことができる。

$$AB=0 \text{ ならば } A=0 \text{ または } B=0$$

2 平方完成による解法
2次方程式を $(x+m)^2=n$ の形にし，次のように解く。

$$n\geqq0 \text{ のとき，} x+m=\pm\sqrt{n} \text{ より，} x=-m\pm\sqrt{n}$$

3 2次方程式の解の公式による解法
2次方程式 $ax^2+bx+c=0$ の解は，

$$x=\frac{-b\pm\sqrt{b^2-4ac}}{2a}$$

とくに，$ax^2+2b'x+c=0$ のように，x の係数が $2b'$ となっているときの解は，

$$x=\frac{-b'\pm\sqrt{b'^2-ac}}{a}$$

7…中点の座標と2点間の距離

異なる2点を $\mathrm{A}(a,\ b)$，$\mathrm{B}(c,\ d)$ とすると，

1 線分ABの中点Mの座標は，

$$\mathrm{M}\left(\frac{a+c}{2},\ \frac{b+d}{2}\right)$$

2 2点A，B間の距離は，

$$\mathrm{AB}=\sqrt{(c-a)^2+(d-b)^2}$$

8…1次関数のグラフの性質

1次関数 $y=ax+b$ は，傾きが a，y 切片が b の直線であり，次の性質がある。

1 $a>0$ のとき
x の値が増加すると，y の値も増加する。グラフは，右上がりの直線になる。

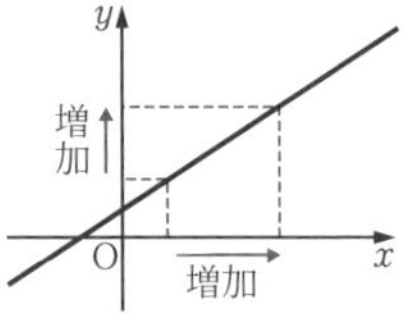

2 $a<0$ のとき
x の値が増加すると，y の値は減少する。グラフは，右下がりの直線になる。

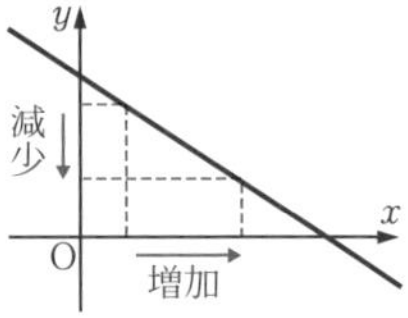

9…関数 $y=\dfrac{a}{x}$ のグラフの性質

関数 $y=\dfrac{a}{x}$ のグラフは双曲線であり，次の性質がある。

1 原点について対称である。（点対称）

2 点 $(1,\ a)$ を通る。また，$x=0$ に対応する点はない。

3 $a>0$ のとき
$x>0$ の範囲で x の値が増加すると，y の値は減少する。
$x<0$ の範囲で x の値が増加すると，y の値は減少する。

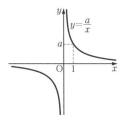

4 $a<0$ のとき
$x>0$ の範囲で x の値が増加すると，y の値も増加する。
$x<0$ の範囲で x の値が増加すると，y の値も増加する。

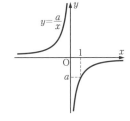

10…直線の式の求め方

1. 傾きが a で，y 切片が b である直線の式は，

$$y=ax+b$$

2. 傾きが a で，点 $(x_0,\ y_0)$ を通る直線の式は，

$$y-y_0=a(x-x_0)$$

3. $x_1 \neq x_2$ のとき，2 点 $(x_1,\ y_1)$，$(x_2,\ y_2)$ を通る直線の式は，

$$y-y_1=\frac{y_2-y_1}{x_2-x_1}(x-x_1)$$

11…2 直線の位置関係

2 直線 $y=ax+b$，$y=a'x+b'$ の位置関係は，次のように分類できる。

1. $a=a'$ かつ $b \neq b'$ のとき
平行になる。

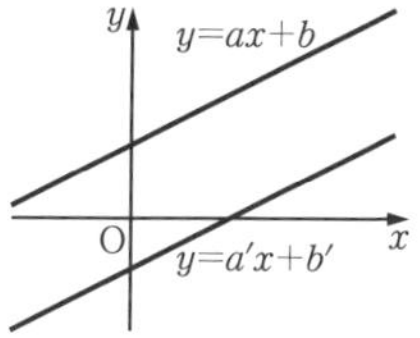

2. $a=a'$ かつ $b=b'$ のとき
一致する。

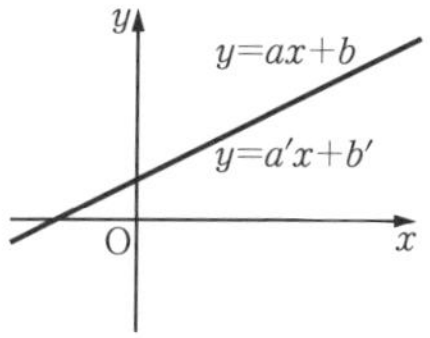

3. $a \neq a'$ のとき
交わる。

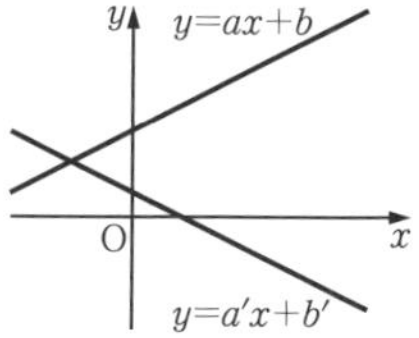

とくに，$a \times a'=-1$ のとき
垂直に交わる。

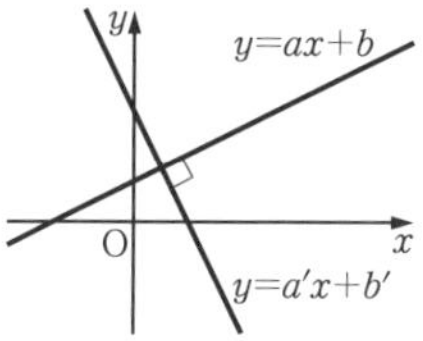

まとめ

12…関数 $y=ax^2$ のグラフの性質

関数 $y=ax^2$ のグラフは，放物線とよばれるなめらかな曲線であり，次の性質がある。

1 y 軸について対称である。（線対称）

2 原点を通る。

3 $a>0$ のとき
第 1 象限と第 2 象限を通り，
上に開いた形である。
（下に凸）

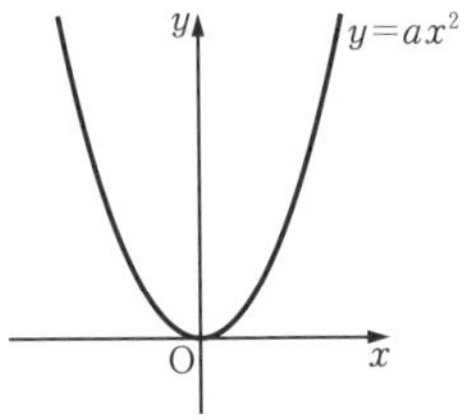

4 $a<0$ のとき
第 3 象限と第 4 象限を通り，
下に開いた形である。
（上に凸）

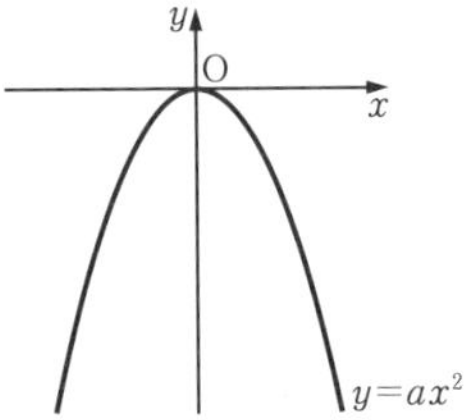

13…関数 $y=ax^2$ の値の変化

1 $a>0$ のとき
x の値が増加すると，
$x<0$ の範囲では，y の値は減少する。
$x>0$ の範囲では，y の値は増加する。
$x=0$ のとき，y の値は最小になり，最小値は 0 である。

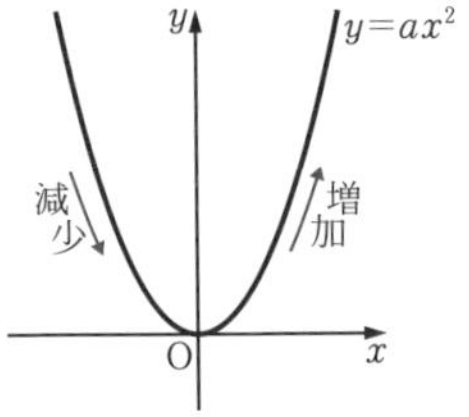

2 $a<0$ のとき
x の値が増加すると，
$x<0$ の範囲では，y の値は増加する。
$x>0$ の範囲では，y の値は減少する。
$x=0$ のとき，y の値は最大になり，最大値は 0 である。

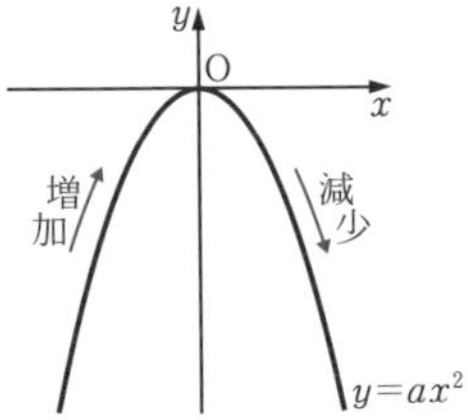

14…変化の割合

y が x の関数であるとき，x の増加量に対する y の増加量の割合が変化の割合である。

$$(\text{変化の割合})=\frac{(y\text{ の増加量})}{(x\text{ の増加量})}$$

1 **1 次関数の変化の割合**

1 次関数 $y=ax+b$ の変化の割合は一定で，x の係数 a に等しい。

2 **関数 $y=ax^2$ の変化の割合**

関数 $y=ax^2$ について，x の値が p から q まで変化するとき，

$$(\text{変化の割合})=a(p+q)$$

15…放物線と直線との交点

放物線 $y=ax^2$ と直線 $y=mx+n$ との交点の座標は，連立方程式 $\begin{cases} y=ax^2 \\ y=mx+n \end{cases}$ の解である。したがって，交点の x 座標は，2 次方程式 $ax^2=mx+n$ の解である。

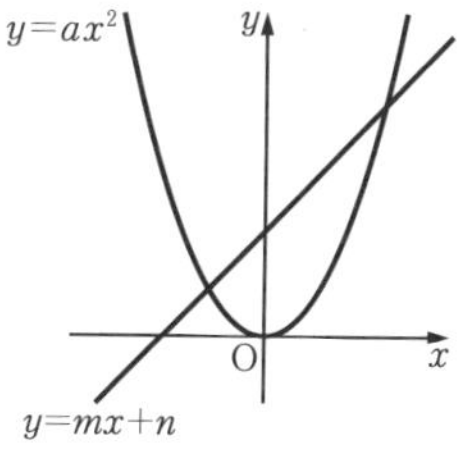

16…和の法則と積の法則

1 **和の法則**

2 つのことがら A，B があり，これらは同時に起こることはない。A の起こる場合が m 通り，B の起こる場合が n 通りあるとき，A または B のどちらかが起こる場合の数は，$(m+n)$ 通りである。

2 **積の法則**

2 つのことがら A，B がある。A の起こる場合が m 通りあり，そのそれぞれについて B の起こる場合が n 通りずつあるとき，A と B がともに起こる場合の数は，$(m\times n)$ 通りである。

まとめ

17…順列と組合せ

1 **順列**

n 個の異なるものから，r 個の異なるものを取り出してつくった順列の総数 ${}_n\mathrm{P}_r$ は，

$$ {}_n\mathrm{P}_r = n(n-1)(n-2)\cdots(n-r+1) $$

2 **組合せ**

n 個の異なるものから，r 個の異なるものを取り出してつくった組合せの総数 ${}_n\mathrm{C}_r$ は，

$$ {}_n\mathrm{C}_r = \frac{{}_n\mathrm{P}_r}{r!} = \frac{n(n-1)(n-2)\cdots(n-r+1)}{r(r-1)(r-2)\cdots\times 3\times 2\times 1} $$

18…確率の定義

1 **同様に確からしい**

実験や観察で，起こりうるすべてのことの起こりやすさが同じであると考えられるとき，それらのことは同様に確からしいという。

2 **確率の定義**

実験や観察で，起こりうることが全部で N 通りあり，それらのすべてのことが同様に確からしいとする。このうち，ことがら A の起こる場合が a 通りあるとき，$\dfrac{a}{N}$ を A の起こる確率という。

19…中心角がわかっているときのおうぎ形の弧の長さと面積

半径が r，中心角が $a°$ のおうぎ形の弧の長さを ℓ，面積を S とすると，

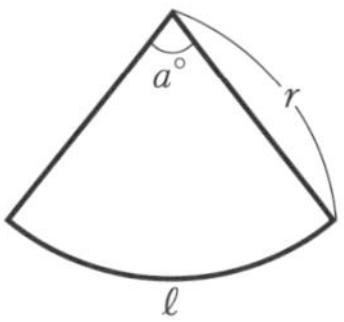

$$\ell=2\pi r\times\frac{a}{360}$$

$$S=\pi r^2\times\frac{a}{360}$$

$$S=\frac{1}{2}\ell r$$

20…円すいの表面積と体積

1 底面の半径が r，母線の長さが d の円すいの表面積を S とすると，

$$S=\pi r^2+\pi rd$$

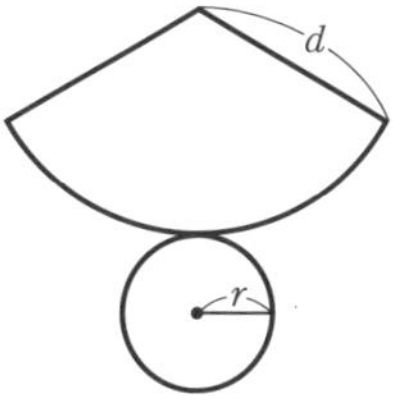

2 底面の半径が r，高さが h の円すいの体積を V とすると，

$$V=\frac{1}{3}\pi r^2 h$$

21…球の表面積と体積

1 半径が r の球の表面積を S とすると，

$$S=4\pi r^2$$

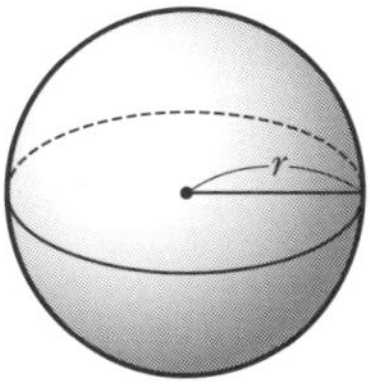

2 半径が r の球の体積を V とすると，

$$V=\frac{4}{3}\pi r^3$$

22…対称な図形の性質

1 点対称な図形では，対応する 2 点を結ぶ線分の中点は対称の中心と一致する。

2 線対称な図形では，対称軸は対応する 2 点を結ぶ線分の垂直二等分線である。

23…空間における2直線の位置関係

空間における2直線の位置関係は，次のようになる。

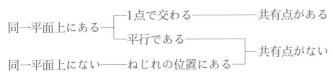

- 同一平面上にある
  - 1点で交わる ―― 共有点がある
  - 平行である ―― 共有点がない
- 同一平面上にない
  - ねじれの位置にある ―― 共有点がない

24…直線と平面の垂直

直線 ℓ と平面Pが交わっているとき，その交点を通る平面P上の2つの直線 m，n と ℓ が垂直ならば，直線 ℓ と平面Pは垂直である。

右の図で，$\ell \perp m$，$\ell \perp n$　ならば　$\ell \perp$ P

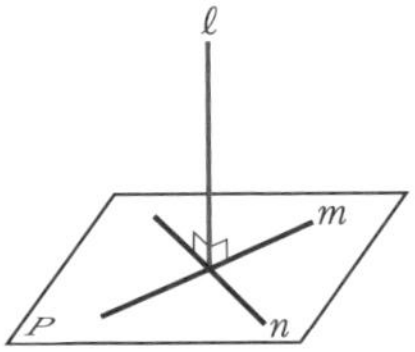

25…平面と平面の関係

1　**平面と平面の位置関係**

2つの平面PとQが平行であるとき，この2つの平面と平面Rとの交線をそれぞれ ℓ，m とすると，$\ell /\!/ m$ である。

2　**平面と平面の垂直**

直線 ℓ が平面Pに垂直であるとき，直線 ℓ をふくむ平面Qは平面Pと垂直である。

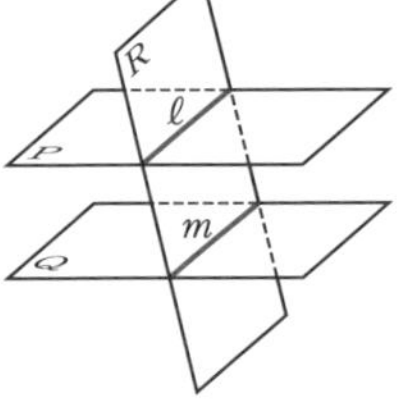

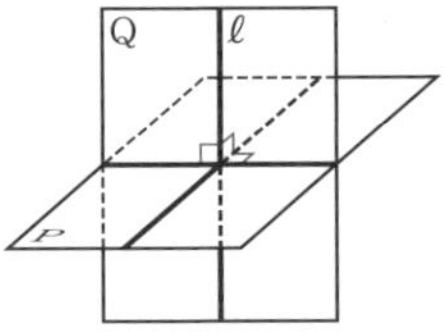

26…立方体の切断

立方体を切断すると，切断面は次のような多角形になる。

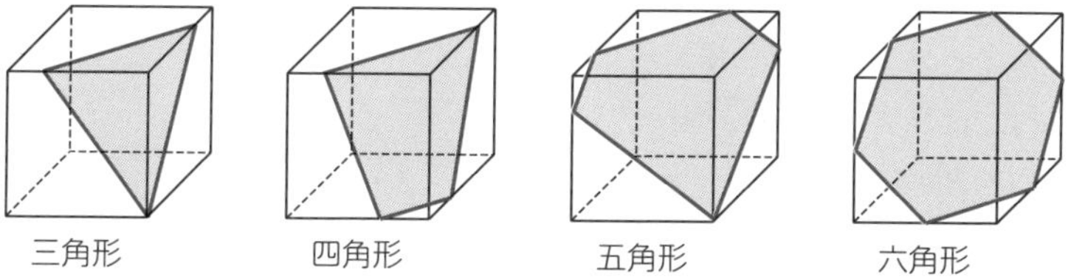

立方体を切る位置によって，三角形では，二等辺三角形・正三角形などができ，四角形では，正方形・長方形・ひし形・平行四辺形・等脚台形・台形ができる。正多角形のうち，正三角形・正方形・正六角形はできるが，正五角形はできない。

27…三角形の合同条件

2 つの三角形は，次のいずれか 1 つが成り立てば合同になる。

1 2 辺とその間の角がそれぞれ等しい。 （2 辺夾角の合同）
2 2 角とその間の辺がそれぞれ等しい。 （2 角夾辺の合同）
3 3 辺がそれぞれ等しい。 （3 辺の合同）

28…直角三角形の合同条件

2 つの直角三角形は，次のどちらかが成り立てば合同になる。

1 斜辺と 1 つの鋭角がそれぞれ等しい。（斜辺と 1 鋭角の合同）
2 斜辺と他の 1 辺がそれぞれ等しい。 （斜辺と 1 辺の合同）

29…三角形の等積条件

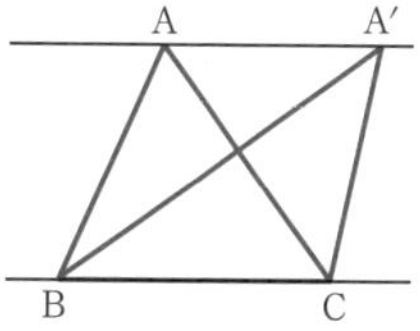

辺 BC を共有する $\triangle ABC$ と $\triangle A'BC$ において，

$$AA' \parallel BC \quad \text{ならば} \quad \triangle ABC = \triangle A'BC$$

逆に，$\triangle ABC$ と $\triangle A'BC$ において，
頂点 A，A′ が直線 BC について同じ側にあるとき，

$$\triangle ABC = \triangle A'BC \quad \text{ならば} \quad AA' \parallel BC$$

30 … 三角形の面積の比

三角形の面積の比について，次のことが成り立つ。

1 底辺の長さが等しい三角形

底辺の長さが等しい 2 つの三角形では，面積の比は高さの比に等しい。
右の図で，

$\triangle ABC : \triangle A'B'C' = h : h'$

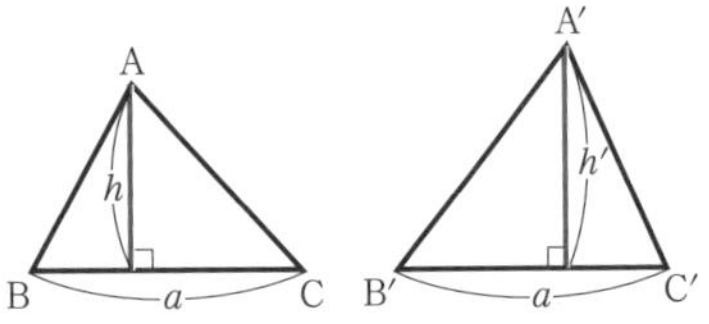

2 高さが等しい三角形

高さが等しい 2 つの三角形では，面積の比は底辺の長さの比に等しい。
右の図で，

$\triangle ABC : \triangle A'B'C' = a : a'$

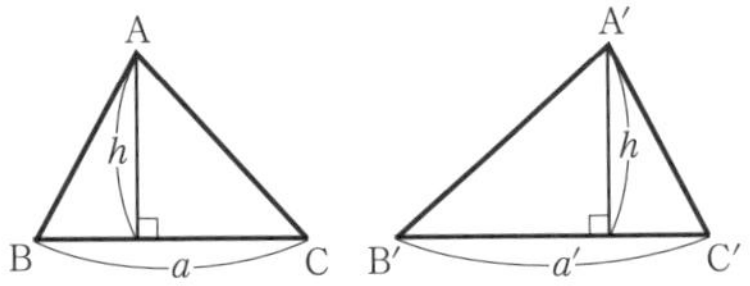

3 辺を共有する三角形

底辺 BC を共有する △ABC と △A′BC において，頂点 A，A′ を結ぶ直線と，辺 BC，またはその延長との交点を P とするとき，

$\triangle ABC : \triangle A'BC = AP : A'P$

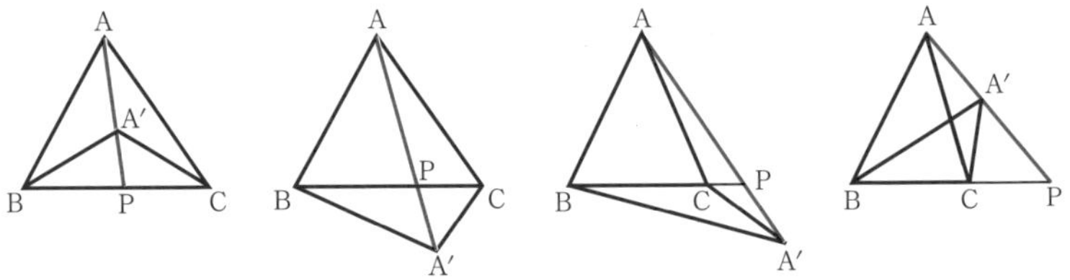

4 角を共有する三角形

△ABC と △PQR において，∠A＝∠P または ∠A＋∠P＝180° ならば，

$\triangle ABC : \triangle PQR = AB \times AC : PQ \times PR$

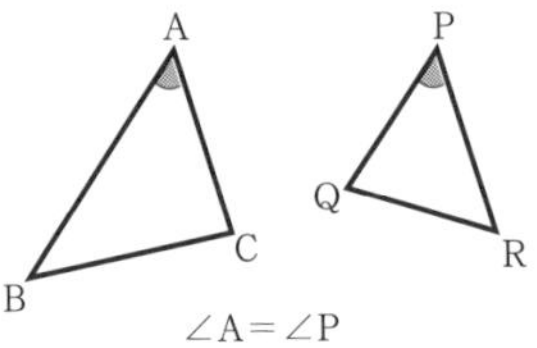

∠A＝∠P

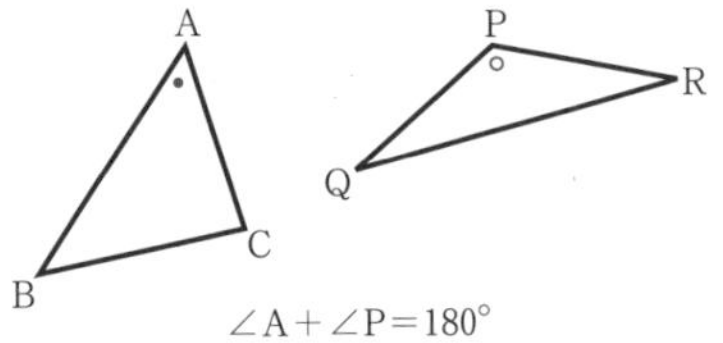

∠A＋∠P＝180°

31…中点連結定理とその逆

三角形について，次の定理が成り立つ。

1 **中点連結定理**

三角形の 2 つの辺の中点を結ぶ線分は，残りの辺に平行で，長さがその半分に等しい。

右の図の △ABC で，辺 AB，AC の中点をそれぞれ D，E とするとき，

$$DE /\!/ BC \quad かつ \quad DE = \frac{1}{2}BC$$

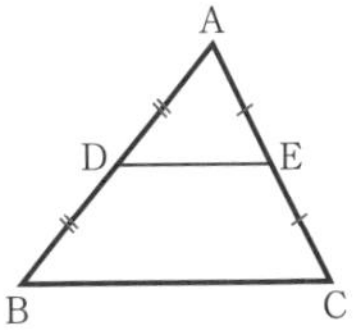

2 **中点連結定理の逆**

三角形の 1 つの辺の中点を通り，他の 1 辺に平行な直線は，残りの辺の中点を通る。

右の図の △ABC で，

AD＝DB，DE // BC　ならば　AE＝EC

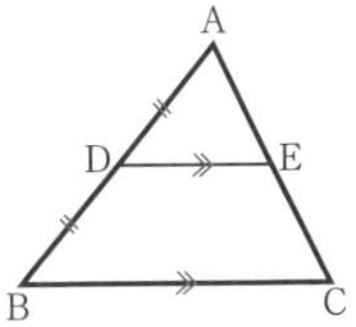

32…三角形と線分の比

下の図の △ABC で，

1 PQ // BC　ならば　AB：PB＝AC：QC

2 PQ // BC　ならば　AB：AP＝AC：AQ＝BC：PQ

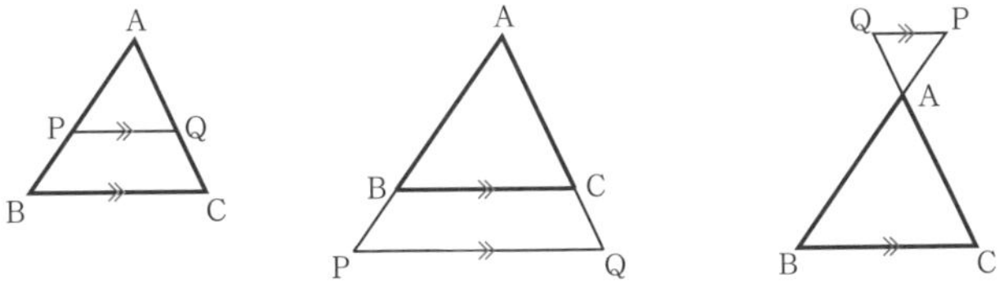

33…平行線と線分の比

右の図で，2 つの直線 ℓ，m が平行線 a，b，c，d と交わっているとき，

AB：A′B′＝BC：B′C′＝CD：C′D′

＝AC：A′C′＝BD：B′D′

＝AD：A′D′

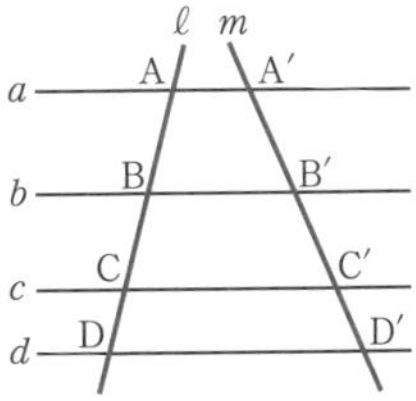

まとめ

34…三角形の相似条件

2つの三角形は，次のいずれか1つが成り立てば相似になる。

1. 対応する2組の角がそれぞれ等しい。　（2角の相似）
2. 対応する2組の辺の比が等しく，そのはさむ角が等しい。　（2辺の比とはさむ角の相似）
3. 対応する3組の辺の比が等しい。　（3辺の比の相似）

35…相似な図形（周の長さ・面積・体積）

2つの相似な図形について，次のことが成り立つ。

1. **相似な図形の周の長さの比**
   2つの相似な図形の相似比が $m:n$ のとき，
   周の長さの比は　$m:n$
2. **相似な図形の面積の比**
   2つの相似な図形の相似比が $m:n$ のとき，
   面積の比は　$m^2:n^2$
3. **相似な立体図形の表面積の比と体積の比**
   2つの相似な立体の相似比が $m:n$ のとき，
   表面積の比は　$m^2:n^2$
   体積の比は　$m^3:n^3$

36…弧と中心角

1つの円，または半径の等しい円で，

1. 大きさの等しい中心角に対する弧の長さは等しい。
   図1で，
   $\angle AOB = \angle COD$　ならば　$\overset{\frown}{AB} = \overset{\frown}{CD}$
2. 長さの等しい弧に対する中心角の大きさは等しい。
   図1で，
   $\overset{\frown}{AB} = \overset{\frown}{CD}$　ならば　$\angle AOB = \angle COD$
3. 中心角の大きさとそれに対する弧の長さは比例する。
   図2で，
   $\angle AOB = 2\angle COD$　ならば　$\overset{\frown}{AB} = 2\overset{\frown}{CD}$
   $\overset{\frown}{AB} = 2\overset{\frown}{CD}$　ならば　$\angle AOB = 2\angle COD$

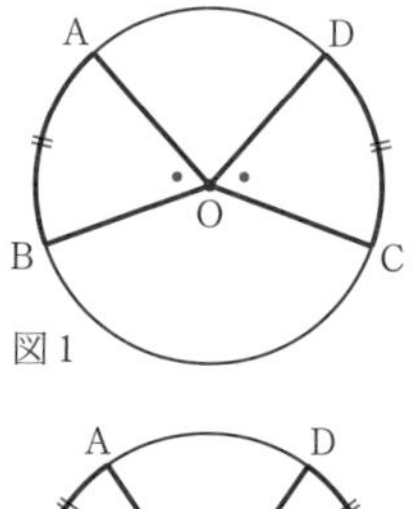

図1

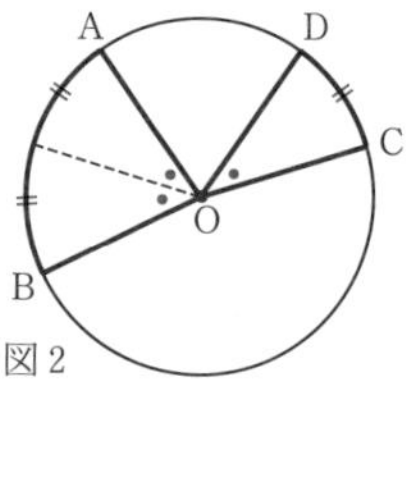

図2

37…中心と弦

円の中心と弦について，次の性質が成り立つ。

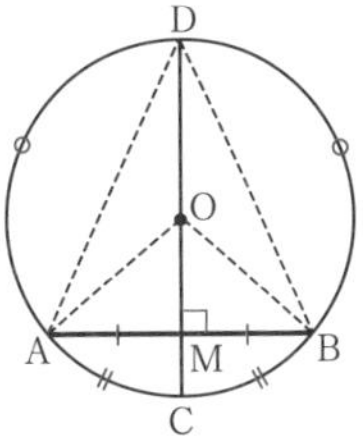

[1] 円の中心から弦にひいた垂線は，その弦を 2 等分する。
右の図で，OM⊥AB　ならば　AM＝BM

[2] 円の中心と直径ではない弦の中心を結ぶ線分は，その弦に垂直である。
右の図で，AM＝BM　ならば　OM⊥AB

[3] 弦の垂直二等分線は，円の中心を通る。

[4] 弦に垂直な直径は，その弦，およびその弦に対する弧を 2 等分する。
右の図で，CD が円 O の直径であるとき，

CD⊥AB　ならば　AM＝BM，$\overset{\frown}{AC}=\overset{\frown}{BC}$，$\overset{\frown}{AD}=\overset{\frown}{BD}$

38…円周角の定理とその逆

[1] **円周角の定理**

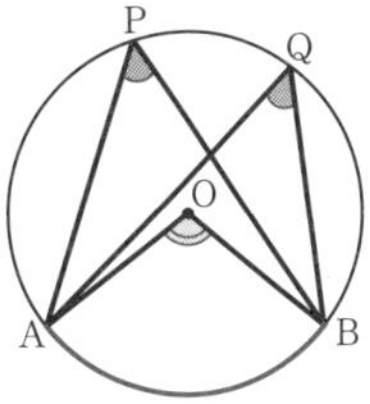

1 つの弧に対する円周角の大きさは一定であり，その弧に対する中心角の大きさの半分である。
右の図で，∠APB＝∠AQB

$$\angle \mathrm{APB}=\frac{1}{2}\angle \mathrm{AOB}$$

[2] **円周角の定理の逆**

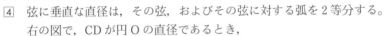

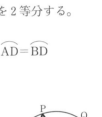

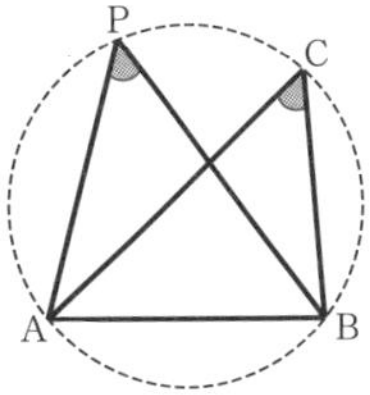

2 点 C，P が直線 AB について同じ側にあるとき，∠APB＝∠ACB ならば，4 点 A，B，C，P は同一円周上にある。

39…円周角と弧

1つの円，または半径の等しい円で，次の性質が成り立つ。

① 長さの等しい弧に対する円周角の大きさは等しい。

図1で，$\overset{\frown}{AB}=\overset{\frown}{CD}$　ならば　$\angle APB=\angle CQD$

② 大きさの等しい円周角に対する弧，および弦の長さはそれぞれ等しい。

図1で，$\angle APB=\angle CQD$　ならば

$\overset{\frown}{AB}=\overset{\frown}{CD}$，$AB=CD$

③ 円周角の大きさとそれに対する弧の長さは比例する。

図2で，$\angle APB=2\angle CQD$　ならば　$\overset{\frown}{AB}=2\overset{\frown}{CD}$

$\overset{\frown}{AB}=2\overset{\frown}{CD}$　ならば　$\angle APB=2\angle CQD$

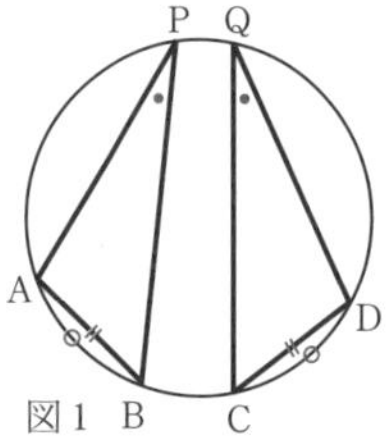

図1

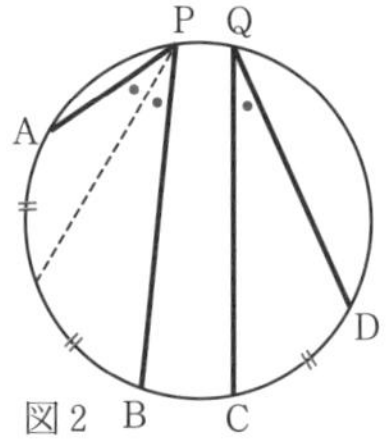

図2

40…円に内接する四角形の性質

四角形が円に内接するとき，

① 向かい合う1組の内角の和は180°である。

右の図で，$\angle A+\angle C=180°$

$\angle B+\angle D=180°$

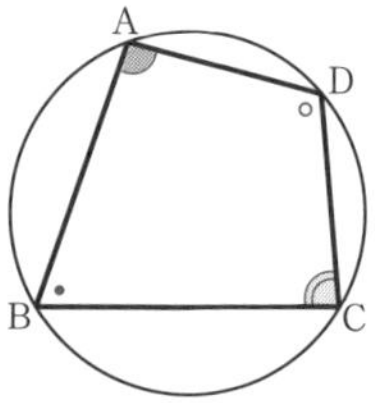

② 1つの内角はその向かい合う内角の外角に等しい。

右の図で，$\angle A=\angle ECD$

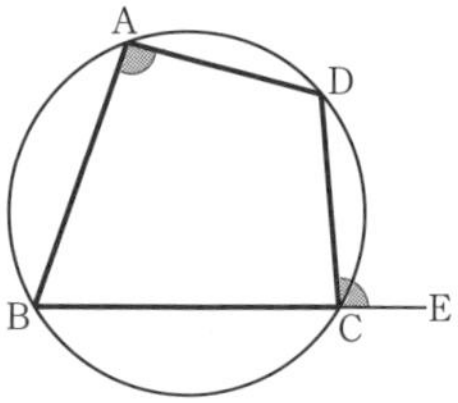

41…四角形が円に内接するための条件

四角形 ABCD は，次のいずれか 1 つが成り立てば円に内接する。

1 図 1 で，∠BAC＝∠BDC
(円周角の定理の逆)

2 図 2 で，∠A＋∠C＝180° または ∠B＋∠D＝180°
(向かい合う 1 組の内角の和が 180°である)

3 図 3 で，∠A＝∠ECD
(1 つの内角が向かい合う内角の外角に等しい)

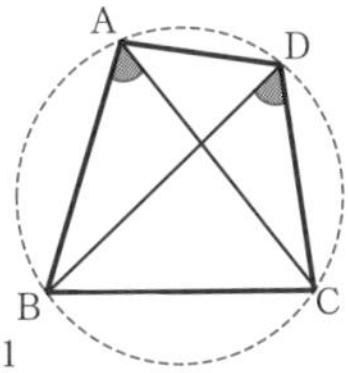

図 1

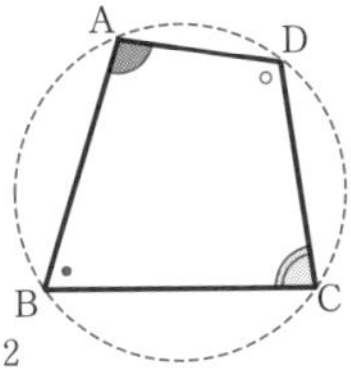

図 2

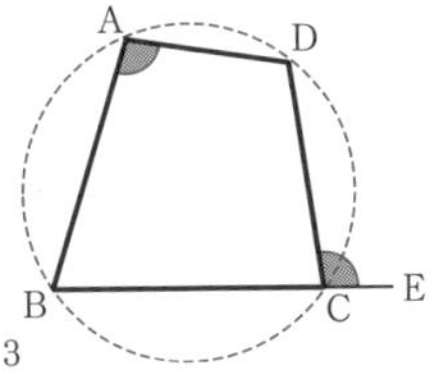

図 3

42…円の接線の性質

円の接線は，接線を通る半径に垂直である。
逆に，円周上の 1 点を通る直線が，この点を通る半径に垂直ならば，この直線はその円の接線である。
右の図で，点 P が円 O の周上にあるとき，

ℓ が点 P における円 O の接線 $\Longleftrightarrow$ $OP \perp \ell$

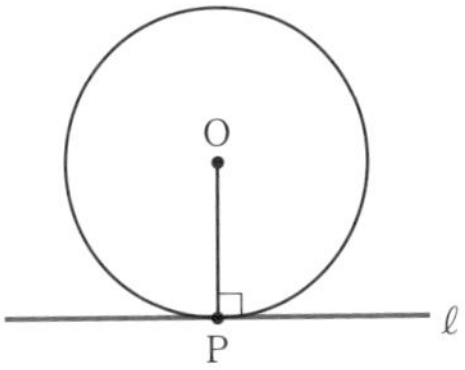

43…円外の点からの接線

円外の点から円に 2 本の接線をひくとき，

1 2 本の接線の長さは等しい。

2 2 本の接線のつくる角は，その円外の点と円の中心とを結ぶ直線によって 2 等分される。

右の図で，PA，PB を円 O の接線，A，B を接点とするとき，

PA＝PB，∠OPA＝∠OPB

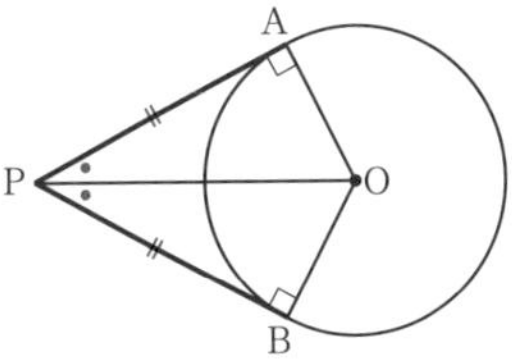

まとめ

44…三平方の定理

三角形において，次の性質が成り立つ。

1 **三平方の定理**

直角三角形の直角をはさむ 2 辺の長さを b，c，
斜辺の長さを a とするとき，

$$a^2=b^2+c^2$$

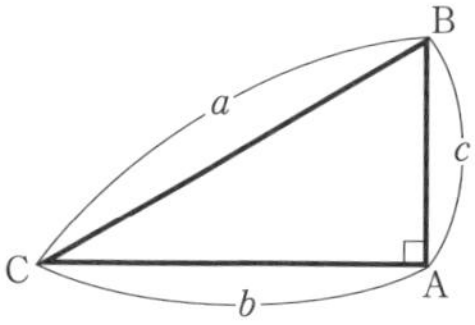

2 **三平方の定理の逆**

△ABC の 3 辺の長さを a，b，c とするとき，
$a^2=b^2+c^2$ ならば，△ABC は ∠A＝90° の直角三角形である。

45…特別な直角三角形の 3 辺の長さの比

1 直角二等辺三角形（内角が 90°，45°，45°）の 3 辺の長さの比は，

$$1:1:\sqrt{2}$$

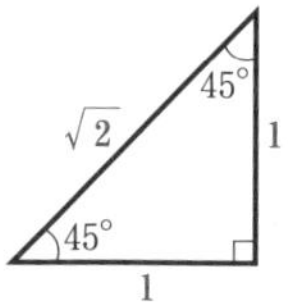

2 内角が 90°，30°，60° の直角三角形の 3 辺の長さの比は，

$$1:2:\sqrt{3}$$

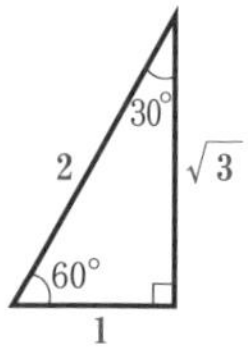

46…接弦定理

円の接線とその接点を通る弦のつくる角の大きさは，その角の内部にある弧に対する円周角の大きさに等しい。
右の図で，ST が点 A における円 O の接線であるならば，

$$\angle BAT=\angle APB$$

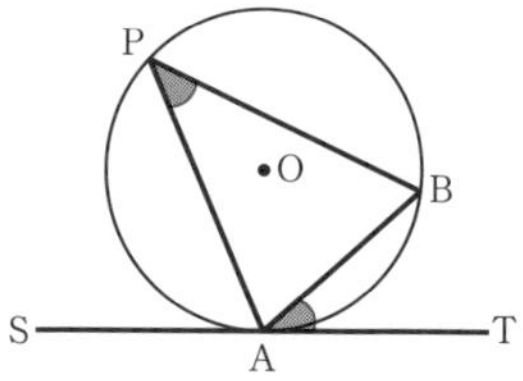

47…方べきの定理

1 円の 2 つの弦 AB，CD，またはそれらの延長が点 P で交わるとき，

$$PA\times PB=PC\times PD$$

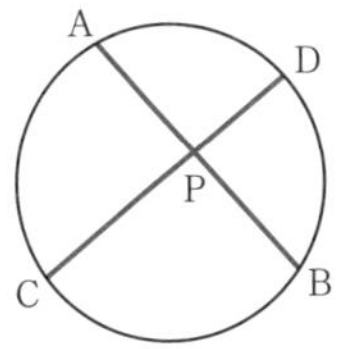

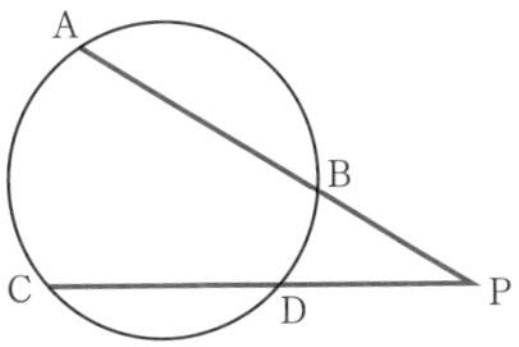

2 円外の点 P から円に接線をひき，接点を T とする。
点 P を通る直線と円との交点を A，B とすると，

$$PT^2=PA\times PB$$

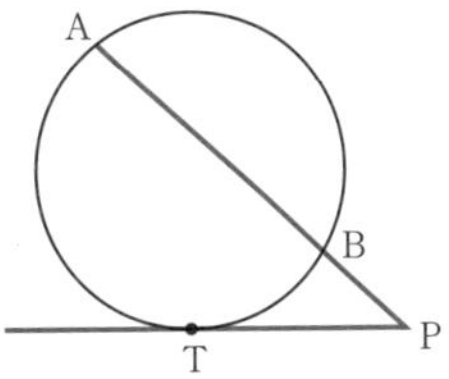

代数の先生・幾何の先生

めざせ！Aランクの数学

ていねいな解説で
自主学習に最適！

開成中·高校教諭
木部　陽一
筑波大附属駒場中·高校元教諭
深瀬　幹雄
共著

先生が直接教えてくれるような丁寧な解説で，やさしいものから程度の高いものまで無理なく理解できます。くわしい脚注や索引を使って，わからないことを自分で調べながら学習することができます。基本的な知識が定着するように，例題や問題を豊富に配置してあります。この参考書によって，学習指導要領の規制にとらわれることのない幅広い学力や，ものごとを論理的に考え，正しく判断し，的確に表現することができる能力を身につけることができます。

代数の先生　A5判・389頁　2200円
幾何の先生　A5判・344頁　2200円

※表示の価格は本体価格です。本体価格のほかに消費税がかかります。

新Aクラス中学数学問題集 融合

2011年11月 初版発行
2021年 2 月 3版発行

著 者 深瀬幹雄
発行者 斎藤 亮
組版所 錦美堂整版
印刷所 光陽メディア
製本所 光陽メディア
装 丁 麒麟三隻館
装 画 アライ・マサト

発行所 昇龍堂出版株式会社
〒101-0062 東京都千代田区神田駿河台 2-9
TEL 03-3292-8211 FAX 03-3292-8214
ホームページ http://www.shoryudo.co.jp/

ISBN978-4-399-01506-7 C6341 ¥1000E Printed in Japan
落丁本・乱丁本は，送料小社負担にてお取り替えいたします